# 重返阿波羅

## APOLLO TO THE MOON

開創登月時代的 50 件關鍵文物

NATIONAL
GEOGRAPHIC

# 重返阿波羅

## APOLLO TO THE MOON

### 開創登月時代的 50 件關鍵文物

作者／蒂索‧謬爾－哈莫尼 Teasel Muir-Harmony

序言／麥可‧柯林斯 Michael Collins
阿波羅 11 號登月太空人

翻譯／姚若潔

Boulder
Media 大石文化

# 目次

**第 2-3 頁：**阿波羅 17 號太空人哈里森・施密特站在肖蒂坑（Shorty crater）邊緣的月球車旁。這張全景照片由當時的任務指揮官尤金・塞爾南拍攝的數張照片接合而成。

**左頁：**1967 年 11 月，無人測試任務阿波羅 4 號火箭在甘迺迪太空中心等待升空。

# 前言

麥可・柯林斯（Michael Collins）
太空人（1963-1970）、雙子星 10 號
駕駛員、阿波羅 11 號指揮艙駕駛員
史密森尼國家航空太空博物館館長，
1971-78

**我還記得**在 1970 年代擔任國家航空太空博物館的館長時，很喜歡在各個展覽室漫步，一邊偷聽來訪家庭的對話。我想知道他們在想些什麼，而幾乎總是會聽到令人愉快的談話：「爸爸，這是真的嗎？」「當然，薇吉尼亞，這個博物館裡所有的文物都是真的，所以這些東西才會這麼重要，這麼有趣。」飛行任務中，總有某些部分是無法在地面上重建的。例如，約翰・葛倫（John Glenn）在軌道上看到的地球非常迷人，這在地球上就體驗不到。不過，來到這裡的訪客可以得到第二好的體驗，那就是看到他實際使用的相機。這臺相機是真的，你簡直可以感覺到葛倫就在你旁邊，從這臺相機的觀景窗往外看。

後來，阿波羅任務拍回來的照片不僅美麗，也深具歷史重要性。簡單回顧一下這些任務，或許有助於了解這些照片的意義。阿波羅任務一開始就是個災難，在地面測試時，指揮艙失火，造成高斯・格里森（Gus Grissom）、艾德・懷特（Ed White）和羅傑・查菲（Roger Chaffee）三人罹難。這次任務後來命名為阿波羅 1 號，隨後的阿波羅 2 號到6 號都是無人的測試任務，為載人任務做必要的準備。

阿波羅 7 號任務：華利・舒拉（Wally Schirra）、瓦特・康寧漢（Walt Cunningham）和唐恩・艾塞爾（Donn Eisele）測試指揮和服務艙，在地球軌道上待了十天。

阿波羅 8 號任務：法蘭克・鮑曼（Frank Borman）、吉姆・洛弗爾（Jim Lovell）和比爾・安德斯（Bill Anders）是最早達到脫離速度的太空人，大膽地抵達月球軌道。

阿波羅 9 號任務：吉姆・麥克迪維特（Jim McDivitt）、大衛・史考特（Dave Scott）和洛斯蒂・史維考特（Rusty Schweickart）在地球軌道上進行登月艙測試。

阿波羅 10 號任務：湯姆・斯塔福德

（Tom Stafford）、約翰・楊（John Young）和尤金・塞爾南（Gene Cernan）在月球軌道上完成第一次登月實際演練。

阿波羅 11 號任務：1969 年 7 月 20 日，阿波羅任務終於完成美國總統甘迺迪在 1961 年的指示，成功登月。

接下來的 12 到 17 號任務大幅提升了我們對月球的了解。在阿波羅 1 號之後，任務的接連成功是非常驚人的成就。因為我本身是有經驗的試飛員，我可以預期我們一旦開始飛行，還會遇到更多困難。我認為最重要的兩次飛行是離開地球的阿波羅 8 號，和抵達月球的阿波羅 11 號。從今天起再過一百年，當歷史學家思考地球和月球這兩個天體時，或許會爭論這兩次飛行中比較困難或比較重要是哪一次。

這個問題無法藉由檢視這兩次任務的照片來回答，雖然我相信這兩張照片都在全體人類心中烙下不可磨滅的印象。首先是安德斯用哈蘇相機（Hasselblad）拍攝的一張照片，小小的地球從月球的地平線上升起，這是人類第一次拍下這樣的照片。另一張是尼爾・阿姆斯壯（Neil Armstrong）拍攝

在月球表面上的巴茲・艾德林（Buzz Aldrin），而阿姆斯壯本人出現在艾德林頭盔面罩的反射中，成了照片上意外的亮點。

我也憑著一張我最喜歡的照片，和這兩位一同占有登月史的一席之地，這張照片是阿姆斯壯和艾德林駕駛老鷹號（Eagle）登月艙，正從月球表面朝著在繞月軌道上駕駛哥倫比亞號（Columbia）的我飛回來。老鷹號只剩一半（只有返航段；登陸段留在月球上），但看起來意氣風發。它的位置比我低一點，和位於月球地平線上方幾度的地球正好排成一直線。這張照片現在就掛在我的書桌上方，我把它叫做「三十億加二」（Three Billion Plus Two）。即使到了今天，我看到這張照片時心中仍會升起一股暖意。不過儘管如此，整體來說我還是更喜歡欣賞藝術品。雖然航太博物館充滿了無價的珍貴文物，但館內的藝廊仍是我最喜歡的區域，在那裡我可以慢下來，花點時間思考我看見的東西。

藝術帶領我們超越攝影，跨過鏡頭進入想像的領域。你可以說，離開地球表面讓我們的想像力又擴大了一點。有些曾經看過太空船發射，或長時間待

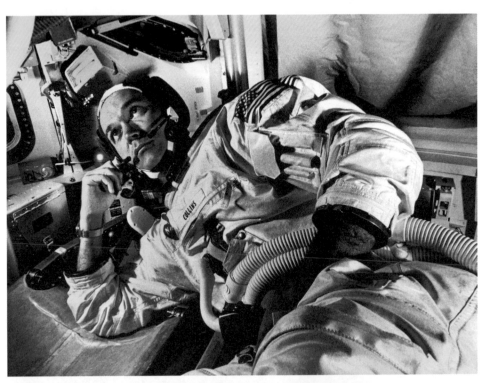

在熱氣球或飛機上的藝術家，確實創作了驚人的作品。在太空藝術中，我最喜歡的是切斯利‧朋斯泰爾（Chesley Bonestell）對人類從未到訪之地的想像；還有兩位太空人藝術家，阿列克謝‧列昂諾夫（Alexei Leonov），以及和我同期的太空人兼好友艾倫‧賓（Alan Bean），都留下了令人印象深刻的畫作。

另外還有一位較不知名、但極具才華的藝術家詹姆斯‧迪恩（James Dean），博物館聘請他擔任多年的藝術策展人。迪恩憑著個人聲譽，能夠請到很多朋友貢獻畫作，其中包括傑米‧魏斯（Jamie Wyeth）和羅伯特‧羅森伯格（Robert Rauschenberg）。

阿波羅 11 號任務結束，即將最後一次離開哥倫比亞號時，我覺得要是就這樣走了，不留下一絲曾在船上待過八天的痕跡，似乎有點遺憾。縱然哥倫比亞號是無生命的物體，我還是希望它能以某種方式記得我。所以我下到導航臺，這裡感覺上就像哥倫比亞號的腦部，然後對它提出讚美：「107 號太空船──別名阿波羅 11 號──別名哥倫比亞號。最好的太空船。願上帝保佑它。麥可‧柯林斯，指揮艙駕駛員。」

我在一塊面板上寫完這段話，才覺得走得比較安心。

照片、畫作，甚至塗鴉，都是因為它所代表的東西而具有生命。而立體的物品，也就是我們稱為「文物」的這些東西，才是讓博物館有別於其他機構的地方。文物是博物館的心臟與靈魂。

我知道不是每個人都想飛向太空，而就算你想，實際上也做不到──除了極少數的幸運兒之外。不過上不了太空的人，仍對太空顯得興趣盎然。我被問過好幾百次：「在太空中到底是什麼感覺？」通常我只要回答「很酷」或「太棒了」就足以應付，但後來我又會對自己沒能說出更好、更令人嚮往的答案感到失落。我要是站在哥倫比亞號旁邊，說不定就有辦法提出那樣的答覆。博物館的魔力就在於透過文物和輔助材料，帶領訪客進入故事之中，栩栩如生地呈現出在太空中真正的感覺。在眾多博物館之中，美國國家航空太空博物館有幸取得無與倫比的豐富館藏，從萊特飛行者號（Wright Flyer）到太空梭都有。除此之外，每位策展人更是發揮了傑出長才，把這些國寶規畫成令人著迷的展覽，這本精美的書就是明證。●

# 1 紀念牌：
## 萊特兄弟的飛機和阿波羅 11 號

時間：1903；1969
製造者：魏爾柏・萊特（Wilber Wright）
和奧維爾・萊特（Orville Wright）；
尼爾・阿姆斯壯（Neil Armstrong）
來源：美國北卡羅來納州小鷹鎮；月球
材料：木頭、布料、紙板、紙、塑膠、
金屬螺絲
尺寸：外型整體：33.5 × 2 × 19 公分；
木片：1.2 × 3 公分；布料：9 × 10
公分

**1903 年 12 月 17 日**，在美國北卡羅來納州一片多風的海灘上，萊特兄弟實現了第一次動力控制飛行。這架飛機的一小部分，包括一小塊布料和木片，在超過 60 年後又完成另一次歷史性的飛行，也就是紀念牌（右頁）所說的，從「從小鷹鎮到寧靜海基地」。阿姆斯壯登上老鷹號登月艙，在 1969 年 7 月登陸月球時，就帶著萊特飛行者號的碎片。這架飛機在第四次飛行後被一陣強風破壞，再也沒有升空。紀念牌上的木片取自左螺旋槳，布料取自左上機翼。

在阿波羅 11 號任務之前，阿姆斯壯與位於俄亥俄州代頓市（Dayton）的美國國家空軍博物館（National Museum of the U. S. Air Force）達成特殊協議，要在他的私人物品中攜帶萊特飛行者號的碎布和木片。美國國家航空暨太空總署（NASA）會發給每位太空人一個小袋子，用來裝他們想帶上太空的私人物品或其他小東西。多數人帶的是迷你國旗、家傳首飾、任務紀念章、刺繡徽章和其他有紀念性的物品。艾德林帶了一小瓶葡萄酒和一塊威化餅，在月球上進行了聖餐禮。而阿姆斯壯在他攜帶的所有物品之中，最自豪的就是萊特飛行者號的碎片。

這塊木片和碎布引出一個重要的問題：為什麼文物一直都是通往過去的重要連結？

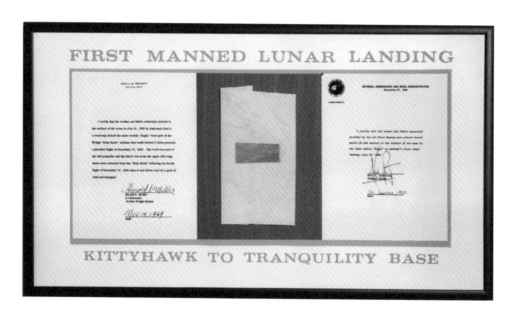

FIRST MANNED LUNAR LANDING

KITTYHAWK TO TRANQUILITY BASE

　　對阿姆斯壯來說，在有限的私人物品中帶著這些文物，是為了向航空先驅致敬；而此舉也把兩個相隔數十年的事件結合在一起。木片和碎布連結了人類的第一次登月和第一次飛機飛行，畫出一條線，串起了航太史上兩個關鍵時刻。

　　現在，在第一次登月的半個世紀後，這些文物把我們和阿姆斯壯連結了起來，讓我們了解他心目中的優先事項、他作為飛行員的自我認知、他的細密思慮，以及他的責任感。我們可以想像，阿姆斯壯在同意帶著萊特飛行者號的碎片執行任務時，也認同這個行動的歷史意義。我們可以想像他把這一小片碎布和木片，連同私人物品放進用貝他布（Beta cloth）製作的袋子裡，安全地包好，帶上老鷹號，確保它在月球上平安降落。我們可以想像他在飛行過後，

把這些東西取出來,拿在手上,寫下保證書,使登陸月球成為飛行史上的下一個偉大時刻,永誌不變。

和阿姆斯壯一樣,這本書認同文物的重要性和力量。有形的、真實的物品可以使過去和現在的我們之間產生連結。在人類第一次登陸月球的 50 年後,透過本書中的 50 件文物,我們可以重返美國歷史上的非凡時刻,看見雄心壯志如何超越龐大障礙,並且讓我們不只重新理解那個時刻,更使它融入我們的生命。在本書中,你會看到阿波羅時代最令人振奮的文物。這些文物揭露了歷次阿波羅任務在科技、政治、文化和社會等面向的複雜糾葛,構成了完整的太空飛行故事。也讓我們得以進一步探問,這些文物是如何產生的、誰製造的,又是怎麼使用的。這些物品帶著具體的歷史印記,引發新的觀點,並提供關於過去的證據;有的紀念成就,有的讓人重新評價歷史。

阿波羅計畫是 20 世紀最大膽、最高難度、最啟發人心的豐功偉業之一。

美國在不到十年間就從次軌道太空飛行,急速進展到載人登陸月球並平安返回地球。美國總統約翰‧甘迺迪(John F. Kennedy)在 1961 年 5 月提出阿波羅計畫時,就職才剛滿四個月,當時只有一名美國太空人艾倫‧薛帕德(Alan Shepard)曾經飛到太空(文物 6)。接下來八年,美國太空計畫發展出全新的能力、設備和管理方法。阿波羅計畫動員的人力,包含 NASA 職員和承包商達數十萬人,建立起全球衛星追蹤網,並投資創新科技的研發。它的花費是曼哈頓計畫(Manhattan Project)的五倍,是美國政府在巴拿馬運河花費的兩倍以上,也成為美國歷史上政府出資金額最高的民用科技計畫,一度超過聯邦預算的 4%。

「阿波羅時刻」的獨特性很難誇大。當時美國和蘇聯正激烈爭奪全球影響力。蘇聯的史潑尼克(Sputnik)人造衛星在 1957 年發射,引起廣大迴響,美國正為此憂慮時,蘇聯又在 1961 年 4 月成功完成首次載人任務(文物 4)。

美國在太空飛行所代表的領導權上已然落後。甘迺迪總統選擇月球不只是作為目的地，也是作為鞏固美國地緣政治地位的對策。由於戰後經濟起飛，在科學和技術上瀰漫樂觀主義，加上為了回應蘇聯的太空能力，這項由美國總統主持的大規模事業，才能從科幻小說的領域成為科學事實。

從 1958 到 1963 年間，美國第一個載人太空飛行計畫「水星計畫」（Project Mercury）用單人太空船把太空人送上次軌道及軌道。接下來的雙子星計畫（Project Gemini）以十次任務，測試月球探索的必要能力，例如會合和對接。然後，從 1968 年起，阿波羅計畫陸續把 24 個人送往月球。1969 到 1972 年間，有 12 個人踏上月球表面。這些「第一次」達成的事項多不勝數，其中許多成就到今天都還沒有被超越。阿波羅計畫不只建造出史上最大的火箭，或是創造出人類移動的最長距離，而是影響了地球每個大陸上的幾乎每一個人類社群，總計數十億人的生活。

阿波羅的物質遺產十分龐大。從太空艙、太空衣，到曾經隨著太空船在太空中短暫停留的物品，史密森尼學會的國家收藏品包含了成千上萬件文物。本書中精挑細選的 50 件文物，顯示阿波羅計畫如何觸動人類的生命——這些人不只是太空計畫內的人員，還包括世界各地的民眾。這些文物也不只是太空硬體設備，有的反映了最新的史學研究，探討了阿波羅計畫與更廣泛的美國社會和政治之間深層的交互連結。本書中的物品不只是太空飛行成就的紀念碑，也是了解這段歷史的複雜性的切入點。

曾經有數十年，我們對阿波羅計畫的了解主要著重在技術的發展、太空人的事蹟，以及對人類成就的歌頌。到了 1980 年代後期，有愈來愈多歷史學者開始研究阿波羅計畫在社會、政治和文化方面的重要性，對這個史無前例的計畫的歷史意義和影響提出深刻的見解。現在，人類第一次登月 50 年後，正是重新審視阿波羅計畫的歷史和傳承的適當時機。而阿波羅的文物正可以幫我們

做到這件事。

第一章登場的第一件文物是損毀的先鋒號（Vanguard，文物2）衛星，具體而有力地呈現出美國太空時代剛開始時的模樣。美國和甘迺迪總統決定投資送人類上月球的計畫，有部分原因就是基於先鋒號衛星的最初發射失敗。1958年成立的NASA此時儘管還在起步階段，仍克服了龐大的技術和管理困難，以增進人類的太空飛行能力，這是第二章的重要主題。第三章包含了阿波羅計畫各階段使用的太空船，這些載具不但需要劃時代的工程複雜度和精密度，而且在整個計畫中不容許出現任何瑕疵。

如同書中的文物告訴我們的，阿波羅計畫是全人類尺度的功業，對全體人類都有影響。把人類送上月球，改變了美國和世界的社會和文化史，因為當時的人一方面參與、一方面卻又反對美國的太空飛行計畫。第四章的南方基督教領袖會議（Southern Christian Leadership Conference，SCLC）的捐獻

筒（文物20），是一項發自肺腑的提醒，讓我們記得人民曾對政府花錢進行太空探索表達批判。第五章的重點是阿波羅計畫的人性面，例如太空人麥可·柯林斯使用的現成刮鬍刀和刮鬍膏（文物22）。這樣的私人物品不只說明了阿波羅計畫參與者的真實經驗，也顯示了策畫者如何在各方面隨機應變，以達成甘迺迪總統訂下的期限。集尿裝置（文物23）則悄悄提醒我們，女性是被排除在阿波羅太空人團隊之外的。

1969年7月，華特·克隆凱（Walter Cronkite）在全世界的注目下，使用第六章的登月艙模型（文物26）解說阿波羅11號太空人的路徑。1969到1972年間，有六組人員橫越月球表面，進行實驗、採集樣本，增進了我們對月球和太陽系的了解。第七章收錄的科學儀器之一是阿波羅16號任務中的紫外線相機（文物34），讓我們得知喬治·卡拉瑟斯（George Carruthers）的生平，他是NASA的非裔美國物理學家先驅，克服種族偏見完成了重大的科學貢獻。

NASA製作了這張1967年阿波羅月球任務的詳細示意圖。圖中呈現了任務的每一個重要步驟,從發射、繞行月球,到返回地球。

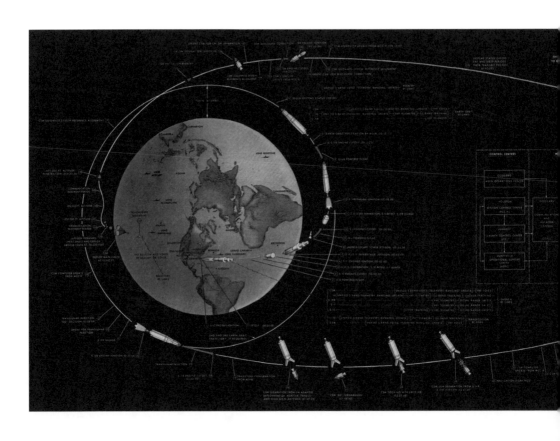

返回地球的工作激發了創新科技,如阿波羅16號的降落傘(文物45),也激發了真情流露的認同感與自豪感,例如日本巡迴勳章(文物48),收錄於第九章。

　　書中的文物也讓我們了解阿波羅計畫的規模之大。注意每件文物介紹中的「來源」一項,會發現把人類送上月球的各種物品來自美國各地和世界各處。農神5號(Saturn V)火箭的零件,就包括在阿拉巴馬州亨次維(Huntsville)生產的儀器環(文物13),以及來自洛杉磯洛克達因航太公司(Rocketdyne)工廠的巨大F1引擎(文物50)。有許多文物來自更遠的地方,例如阿波羅17號任務使用的哈

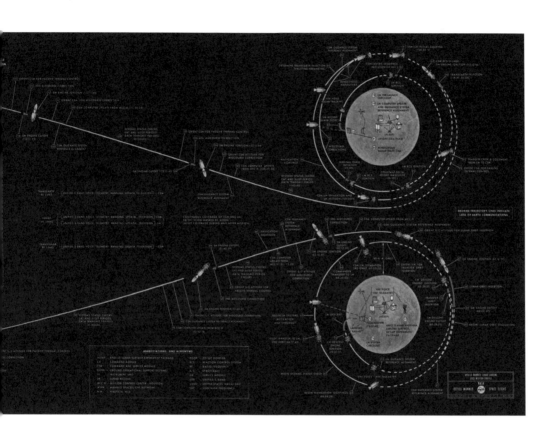

蘇相機（Hasselblad，文物 25）是來自瑞典。此外，還有許多媒體、玩具公司、多國政府等等，都創造了阿波羅計畫的物質遺產，例如美國無線電公司（RCA）的紙卡遮陽帽（文物 18）。

　　萊特飛行者號的木塊和布片，把第一次動力控制飛行和阿姆斯壯的第一次登月連結起來。今天，這些物品讓我們與航空史上重要的時刻相連。文物讓過去成為我們生命經驗的一部分，把我們送入另一段時空，讓歷史變得可以想像，甚至變得有形。把曾經讓人覺得不可能的事物變得伸手可及，這些文物就是最好的媒介。●

# 任務初期

第一章

# 「如果我們要贏得這場戰役……」

1961 年 5 月 25 日，在美國參眾兩院及電視直播觀眾面前，美國總統約翰・甘迺迪提出了有史以來最大膽的太空計畫。在美國國會大廈的眾議院大廳中，甘迺迪說：「如果我們要贏得自由與獨裁之間正在進行的這場戰役，我們應該明白……太空探險的高度成就……對於全世界人心的影響力，而現在全世界的人正試圖決定哪一條路才是對的。」他繼續說道：「現在正是我們邁出更大的步伐，展開美國偉大新事業的時候，也是這個國家在太空成就上擔任明顯領先角色的時候……」

接著，這位新任總統呼籲美國展開一項繁複的月球探索計畫，計畫中人類將登上月球、平安返回地球，而且這個目標要在十年內達成。甘迺迪相信，比起其他事業，這場前所未有的豐功偉業可以將全球權力的平衡轉向美國。

太空競賽的最初幾年非常激烈，蘇聯和美國都全力衝刺，希望勝過對方。創新發

NASA委託製作這幅按比例繪製的太空航具圖，包括阿波羅計畫、雙子星計畫和水星計畫的太空船，連同各自的發射載具。

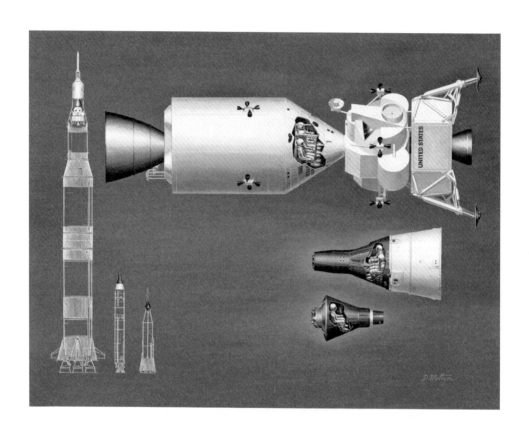

明、驚心動魄的發射和新的可能性，全都快速發生。甘迺迪的阿波羅計畫提出時，距離人類首次把衛星送上軌道只過了四年，那是個充滿戲劇性的狂飆時代，也是美國在太空表現上似乎落後於蘇聯的時代，包括美國先鋒號衛星（Vanguard satellite）眾目睽睽下的失敗，以及蘇聯宇航員尤里·加蓋林（Yuri Gagarin）成為實現太空飛行的第一人。●

# 2 先鋒 TV-3 衛星

時間：1957 年 12 月 6 日發射失敗
製造者：美國海軍研究實驗室（Naval Research Laboratory）
來源：美國華盛頓特區
材料：鎂鋁合金骨架、一氧化矽太陽能電池
尺寸：**本體**：24.5 × 19.5 × 19.5 公分；
手臂（單支）：31 × 0.5 公分

**1957 年 10 月 4 日**，蘇聯成功發射第一具人造衛星史潑尼克 1 號（Sputnik 1），震驚全世界。這項驚人的科技成就在更廣的意義上暗示了蘇聯的飛彈能力以及公共關係上的影響力。美國官方擔憂世界各地的政治領袖和民眾將認為蘇維埃共產主義比資本主義更吸引人，於是急著證明美國擁有發射衛星的技術與知識。美國加緊腳步，在 1957 年 12 月 6 日試圖發射第一具衛星「先鋒號」（Vanguard，左頁），結果卻是慘敗收場。

時間回到七年前，住在華盛頓特區市郊的詹姆斯‧范艾倫（James Van Allen）在 家中舉辦了一次餐會，餐會中的科學家一邊吃著巧克力蛋糕，一邊想出了一個大膽的計畫。由於 1957 年將是太陽活動極大期，他們認為那是對地球和周遭環境進行大規模研究的最佳時機。他們的想法後來成為「國際地球物理年」（The International Geophysical Year, IGY），邀集的專業人才來自世界 67 個國家，也是史上最大的全球科學合作計畫。國際地球物理年的籌劃委員會呼籲發展人造衛星，來研究地球的大地與大氣狀況，並更深入確認地球的大小和形狀、在太空中的方位、重力場和大氣層，以及這一切如何隨著時間變化。美國和蘇聯都把這項呼籲視為以科學、和平為目的的發射衛星的機會。

白宮在 1955 年 7 月 29 日宣布批准一枚科學衛星。美國海軍研究實驗室

第24頁：先鋒TV-3衛星是美國首次嘗試發射的軌道衛星，但未能離開地球表面。

右頁：破損的TV-3試驗衛星，在墜毀後被打開，顯示內部的太陽能和電池動力的無線電發射機，以及溫度感測器。

「我們最主要的問題，是先鋒號在太空時代初期的地位特殊，它是一項公共的、基本上非機密性的計畫。先鋒號是早期唯一的『公開計畫』，所以失敗時，也首當其衝地承擔了全國的負面情緒。」

——拉里・哈斯丁斯
（Larry G. Hastings）
先鋒計畫新聞官

（NRL）的先鋒計畫贏得頭籌，為國際地球物理年研發這顆美國衛星。接下來兩年，NRL 把維京探空火箭（Viking sounding rocket）發展成三節式發射載具，也建構出一套國際追蹤系統和實驗項目。計畫中的衛星直徑約 50 公分，使用太陽能電池，配有感測器，可偵測宇宙射線、磁場和輻射。格倫・馬丁公司（Glenn L. Martin Company）是這個計畫的主要承包商，必須在有限的經費下運作，過程中還曾拿市售的捕鼠器彈簧作為火箭的零件。他們可望順利在 1958 年 3 月首度發射衛星。

蘇聯在 1957 年 10 月成功送上史潑尼克號，一個月後又送上另一枚較大的衛星，裡面還載了一條狗，美國高官感到威脅，覺得將在這場隱含的太空競賽中落敗。由於史潑尼克號帶來的壓力，海軍研究實驗室把試驗載具 3 號（Test Vehicle 3，TV-3）的發射時程提前到 1957 年 12 月，這就是後來為人所知的先鋒號衛星。TV-3 本來的目的是針對三節式火箭進行第一次完整測試，並載

26

有一個 15 公分的球體。而本來也計畫要在 3 月發射一枚更複雜的衛星。

在 TV-3 發射的四天前,想要目睹發射的人開始聚集到卡納維拉角（Cape Canaveral）的荒涼海灘。當地本來就不多的旅社擠滿了記者、遊客和早期的太空迷。根據《紐約時報》報導,當地商店的望遠鏡全部賣光。先鋒號計畫的工程師陷入窘境,測試還不知道能不能成功,但已有一大群觀眾引頸等待。經過幾次延後,在 1957 年 12 月 6 日早上,先鋒號發射了。點火後兩秒,只上升了 1 公尺多一點,就發生問題。

引擎完全失去推力,落回發射臺,燃料箱破裂,整具火箭被一團巨大的火球吞沒,先鋒號測試衛星的嗶聲信號仍

詭異地在錯愕的控制室裡迴響。第二天早上，爆炸的照片搭配了聳動的標題，席捲世界各地的報紙頭版，例如「掉落尼克！美國的史潑尼克在地上垂死哀嚎」。 很快的，這枚衛星就被戲稱為「沒用尼克」和「破爛尼克」。

除了團隊蒙羞，先鋒號衛星發射在眾目睽睽下的失敗，也動搖了美國地緣政治的優勢。許多評論者認為艾森豪政府不該把一場科學試驗變成公關活動，引來過多注意。當時還是參議員的林登·詹森（Lyndon Johnson）不久就說出了當時的普遍情緒：「每當美國宣布某項偉大計畫，然後當眾失敗時，我心裡就覺得又矮人一截。」

美國陸軍「軌道飛行器計畫」（Project Orbiter） 的 探 險 者 1 號（Explorer 1）是美國成功送上太空的第一枚人造衛星，時間在 1958 年 1 月。雖然軌道飛行器和先鋒號計畫的下一步

# 「我們非常成功地把全世界的目光集中過來，因此它爆炸時，全世界都看到了。」

——《國家報》（Nation）社論
1957年12月21日

也都失敗了，先鋒 1 號在同年 3 月倒是成功抵達太空。今天，先鋒 TV-3 的殘骸體現了美國在太空競賽初期的落後地位，雖然是一場令人難堪的失敗，但成長中的太空計畫並未因此夭折。●

# 3 「人造衛星觀察計畫」望遠鏡

時間：1950 年代晚期
製造者：不明，可能是史密森尼天文物理觀測站利用戰爭剩餘物資自製而成
來源：美國
材料：鋁和黃銅，加上玻璃光學透鏡
尺寸：30 × 12.5 × 35 公分

人造衛星在我們頭上的軌道運行時，會承受高空的空氣阻力，也受到地球重力場不平均的牽引。追蹤人造衛星軌道運行的振盪，有助於我們了解大氣層的性質、地球的形狀和密度，以及其他物體（包括彈道飛彈）如何跨越空間。但在 1950 年代中期，因為把人造衛星送到空中的系統還不存在，也就沒有能夠追蹤衛星的系統。史密森尼天文物理觀測站（Smithsonian Astrophysical Observatory, SAO）的天文學家兼站長弗雷德·惠普

博士（Dr. Fred Whipple）想出了一個解決辦法。

惠普過去曾觀測彗星和流星，以此為基礎，他提出一種光學追蹤系統，認為衛星在黃昏後、日出前飛過空中時必定觀察得到。SAO 計畫利用 12 具大型天文相機：「貝克－能」望遠鏡（Baker-Nunn，也是開發者的名字）拍攝經過的衛星，利用衛星速度和在天空中的位置來計算衛星軌道。不過，天文學家必須先知道應該往哪裡看。

惠普認為，追蹤的第一步可以仰賴眾多志願者，也就是願意在晨昏觀察天空的業餘天文學家，等待衛星在天空發出的光。這項計畫稱為「人造衛星觀察計畫」（Operation Moonwatch），幾名志願者利用小型望遠鏡（右頁），集中注意力觀察天空中交疊的區域，構成一道「圍籬」，並且在視線內通常設有一支稱為「子午線」（meridian）的竿子。一旦觀察者看到衛星，就記下衛星

第31頁：弗烈德‧惠普博士是「人造衛星觀察計畫」的發起人。他把自製的觀察望遠鏡捐贈給美國國家航空太空博物館。這款望遠鏡的設計重點在於容易製作，且適於長時間使用。

下圖：這張當時的插畫呈現了人造衛星觀察團隊的理想配置，多位觀察者準備好一看到人造衛星時，就立刻向無線電操作員報告。

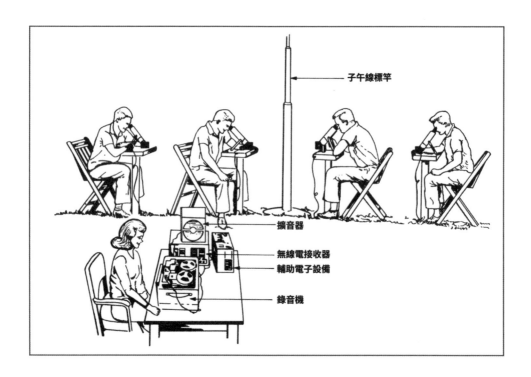

子午線標竿

擴音器

無線電接收器
輔助電子設備

錄音機

相對於子午線穿越視線的時間，以及當時衛星經過的恆星。這份資訊再傳送到 SAO，計算衛星軌道，幫助貝克─能望遠鏡的觀測。

1956 年，史密森尼為人造衛星觀察計畫招募全世界的志願者，「在科學合作的精神下」共襄盛舉。隨著人造衛星的數目增加，志願觀察者也一直增長，到 1958 年已有超過 230 個團隊，

人數達到 8000 人。志願觀察者可以購買或製作 SAO 推薦的小型望遠鏡，並以簡單的無線電設備建立觀測站。有各式各樣的人參與這些志願觀察團隊，包括天文學家和學校老師幫忙組成的社區團體，以及接受挑戰自我訓練的青少年。參加者超過三分之一是女性，她們也組成並帶領許多團隊。許多志願者對於找到衛星和計算軌道變得非常熟練，

有時甚至勝過 SAO 的研究者和電腦。

在 SAO 之外，很多科學社群對於志願者追蹤衛星的有效性和正確度抱持懷疑態度。先鋒號的一位主要科學家和無線電天文學家約翰·哈根（John P. Hagan）表示：「假設有惡作劇的人，把飛機開到 2 萬公尺高空，丟出一顆高爾夫球，然後飛機消失無蹤。你能找到這顆高爾夫球嗎？找到衛星就是這麼難的一件事。」儘管如此，史潑尼克 1 號在 1957 年 10 月 4 日發射時，志願觀察者在他們的望遠鏡後方嚴陣以待。結果他們不只有效，還變得不可或缺。幾年之內，世界各地業餘天文學家得到數以萬計的衛星觀察資料，將改變太空探索的早期發展。相對於把先鋒號和史潑尼克號送上天空所花的數百萬美元，太空時代最重要的科學工具之一，是用鋁和剩餘物資，以 30 美元的價格生產的。●

「我們就坦白說吧，人造衛星觀察計畫從來就不討專家的歡心。人造衛星是通往榮耀的快速道路，為什麼要和一大票業餘人士分享？根本不需要這些人，電子設備還有用得多。哈！」

——華特·休士頓（Walter Houston），英國文學教授，人造衛星觀察計畫成員

# 4 尤里 · 加蓋林的 10 戈比郵票

時間：1961 年
製造者：蘇聯新聞部
來源：蘇聯
材料：紙、油墨、黏膠
尺寸：4.3 × 3 公分

**1961 年 4 月 12 日**，尤里 · 加蓋林成為人類史上第一位太空旅行者。在這張為了慶祝這次飛行而發行的郵票中，在一具藝術化表現的火箭旁，加蓋林仰望星辰，火箭正朝著克里姆林宮圍牆上方高飛。這張郵票色彩繽紛、圖案細緻，是航空郵件用的高面值郵票，訴求的不是一般蘇聯民眾，目的是吸引外國人和集郵者的注意。加蓋林的東方號（Vostok）太空船不以寫實方式呈現，不只為了美學上的理由：它反映了蘇聯太空計畫的絕對機密性。

在飛行前，蘇聯新聞部籌劃這張郵票和另兩張面值較小的郵票，在任務後幾天很快上市。面值最小的一張是 3 戈比（kopek），顏色單純而不起眼。6 戈比和 10 戈比的郵票則針對國際閱聽人設計，加入了較誇張而吸引人的圖像。後來的太空任務配合發行的郵票也遵循類似設計：太空人的肖像、任務日期，以及非寫實的太空船。

相對地，美國 1962 年水星計畫的 4 美分郵票，則詳實描繪了太空中飛翔的水星太空艙。對比於蘇聯郵票描繪的想像太空船，美國的郵票製版者參考了工程製圖來繪製。1960 年代初期，蘇聯為熱切的參觀者展示東方號模型時，刻意使用簡化模型來隱藏技術細節；因此東方號太空船的詳細規格直到 1967 年仍是祕密。他們主要的考量似乎在於，如果讓世界發現蘇聯太空船的設計是墜機著陸，太空人必須在撞擊前一刻彈出太空艙，則蘇聯太空成就的合理性可能會受到質疑。而美國太空人約翰 · 葛倫的太空艙友誼 7 號（Friendship 7）在飛行後，則是搭配水星計畫太空船的工程圖巡迴

ЧЕЛОВЕК СТРАНЫ СОВЕТОВ В КОСМОСЕ

12-IV-1961

ПОЧТА 10к

СССР

4c U.S. MAN IN SPACE

PROJECT MERCURY

# 「從遠處看地球，你會明白它小到無法容納紛爭，而大到正好足以合作。」

——尤里‧加蓋林（Yuri Gagarin），蘇聯太空人，第一個上太空的人

世界展覽。

友誼 7 號郵票的製作也牽涉到某些機密性，不過原因和東方號郵票完全不同。直到飛行前，郵票的製作團隊都對自己的工作保密，讓同事以為他們在度假。設計師在家工作，製版者則在晚上和週末才偷偷上工。

為了保證這張郵票的面貌能帶來驚喜，郵政單位把這些郵票用密封方式送到各地超過 300 間郵局。1962 年 2 月 20 日，葛倫平安降落在大西洋的消息傳出後，幾分鐘之內這些郵票就正式發行，成為美國第一次配合事件同時發行的紀念郵票。不到一個小時，狂熱的集郵者就在全國各地的郵局排起隊來。雖然郵票本身保持機密，它所描繪的太空船卻透過各種照片、新聞和紀念品普遍傳播。NASA、白宮、國務院和美國新聞總署的官員把這種開放性視為民主社會價值的展現。●

# 5 甘迺迪辯論椅，1960 年

時間：1950 年代
製造商／設計師：PP Mobler ／漢斯·
韋格納（Hans Wegner）
來源：丹麥
材料：木、鞣皮
尺寸：105 × 70 × 50 公分

**政治政策因為電視而進入新紀元。** 1960 年代，公眾形象的重要性達到前所未有的高峰。或許沒有人比約翰·費茲傑羅·甘迺迪（John Fitzgerald Kennedy）更了解公眾形象的力量和公共關係的重要性；他在 1960 年以麻薩諸塞州的資淺參議員身分，參加美國總統大選電視辯論，這次經驗更使他認清形象對政治非常重要。後來他在 1961 年成為美國總統、決定把人類送上月球時，這樣的洞見扮演了重要角色。甘迺迪說：「當前所有太空計畫中，沒有比這個計畫更令人敬佩

的了。」 1969 年，阿波羅 11 號任務的第一次全球電視轉播，實現了甘迺迪向全世界展現美國科技實力的夢想。

1960 年 9 月 26 日星期一，美國東岸標準時間晚上 9:30，參議員約翰·甘迺迪和副總統理查·尼克森（Richard Nixon）在芝加哥的哥倫比亞廣播電視公司（CBS）登上辯論臺。在大約 7000 萬美國觀眾眼前，總統候選人針對國內政策進行辯論。這場 1960 年的辯論不僅是史上第一次電視轉播的辯論，也是第一次兩大政黨的總統候選人直接一對一面對彼此。兩位候選人形成鮮明的對比。正如後來 CBS 總裁法蘭克·史丹頓（Frank Stanton）的觀察：「甘迺迪膚色健美……尼克森看起來像個死人。」

年輕瀟灑的甘迺迪自在地坐在椅子上，神色自若而充滿自信。相反地，尼克森緊張地握住椅子扶手，被過於寬鬆的西裝外套吞沒，汗水從臉上淌下。兩位候選人都談論他們對教育、健康照護、經濟以及脈絡更廣的冷戰的看法。只不過，正如記者大衛·哈伯斯坦（David

下圖：1960年9月26日，甘迺迪和尼克森出現在史上第一場總統候選人辯論的電視轉播中，地點是芝加哥的哥倫比亞電視臺。

次頁：甘迺迪和尼克森在第一場總統候選人電視辯論中使用的椅子。

Halberstam）所說：「幾小時後，沒有人記得他們在辯論裡說過什麼話，只記得他們看起來的樣子，和給人的感覺。」

有一種流行的說法是，電視觀眾認為甘迺迪贏了辯論，而收音機聽眾則認為尼克森是勝利者。雖然歷史學者對於誰「獲勝」有不同意見，但很明顯的是：電視螢幕上的形象才是重點。

CBS 的史丹頓深深領悟到這個事件的歷史重要性。他為當時使用的椅子訂做了紀念銀牌，分別刻上兩位候選人的名字，分別安裝在兩張椅子背面。當

「我深信，我國應在這
十年之內，致力達成把
人類送上月球並平安回
到地球的目標。在這個
時代，沒有任何太空計
畫會比這個計畫更讓人
敬佩、對長期的太空探
索更重要；也沒有計畫
會因為太過困難或昂貴
而不能實現。」

——甘迺迪總統，
1961年5月25日

時使用的兩張椅子以及電視辯論現場的
其他設計，都因前瞻性的美感而受到矚
目。這款「圓椅」（Round Chair）是由
著名的丹麥設計師漢斯·韋格納（Hans
Wegner）在 1949 年設計，不久就被尊
稱為「the Chair」，成為廣受歡迎的丹
麥現代設計的象徵。史丹頓後來把這兩
張椅子捐給史密森尼美國歷史國家博
物　館（Smithsonian National Museum of
American History）。

　　9 月的辯論之後，還有三場電視辯
論，每一場都把政治策略進一步推向
新時代，使公共關係占有最顯眼而重
要的位置。後來甘迺迪被問到，如果
沒有電視的助力，他認為自己是否還
會贏得選舉，他回答：「我想應該不
會。」如同歷史學家艾倫·施羅德（Alan
Schroeder）的觀察：「那天晚上，一種
革命性的節目類型在芝加哥爆發，從根
本改變了美國的政治和媒體。」

　　阿波羅計畫是美國史上最昂貴的
民間科技計畫，而追究甘迺迪為什麼提
出這項計畫的根本原因，就在於他認為

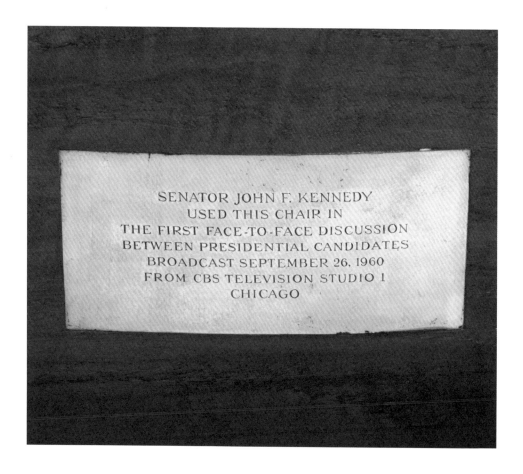

SENATOR JOHN F. KENNEDY
USED THIS CHAIR IN
THE FIRST FACE-TO-FACE DISCUSSION
BETWEEN PRESIDENTIAL CANDIDATES
BROADCAST SEPTEMBER 26, 1960
FROM CBS TELEVISION STUDIO 1
CHICAGO

美國的聲望能夠影響美國的地緣政治地位。對甘迺迪來說，國力可以直接透過國家形象而加強。這是他坐在芝加哥的 CBS 攝影棚時了解到的一件事。後來，在辯論後不到一年，甘迺迪就在美國國會聯席會議上發表演說時，透過電視對美國民眾提出阿波羅計畫。●

# 約翰・F・甘迺迪
# 的太空政策

**可能很多人不知道，**發動最大膽太空計畫的美國總統一開始竟不相信太空計畫的價值。約翰・甘迺迪和太空飛行之間的關係，在他從 1950 年代擔任麻薩諸塞州參議員、到 1960 年代初入主白宮橢圓形辦公室這段時間演變得很快。一位記者這麼觀察：「甘迺迪就任總統時遇到的所有主要問題之中，他知道得最少、懂得最少的大概就是太空問題。」

根據火箭導航先驅查爾斯・史塔克・德雷珀（Charles Stark Draper）的回憶，在 1957 年蘇聯發射史潑尼克號衛星後不久，有一次在波士頓充滿傳奇的洛克—歐伯咖啡館（Locke-Ober café）小酌之間，甘迺迪語帶諷刺地告訴他，所有火箭都是在浪費錢。甘迺迪在 1960 年競選總統期間，雖曾強調美國在太空和飛彈方面的不足，卻幾乎沒提過 NASA。但是他上任後不久，對太空飛行的態度就有了劇烈轉變。

1961 年 4 月 12 日，蘇聯因為把尤里‧加蓋林送上太空，搶先進行載人太空任務而締造歷史。就像史潑尼克號衛星，加蓋林的太空飛行也打擊了美國在世界舞臺上的科技地位。幾天後，美國中央情報局支持的古巴豬玀灣事件失敗，再度挑戰美國的聲望。沒過幾天，甘迺迪要副總統林登‧詹森找出「保證帶來驚人結果，可以讓我們贏的太空計畫」。詹森尋求太空專家的協助，在 5 月 8 日的報告中為總統帶來他們心目中的最佳計畫：人類登陸月球。「能捕捉全世界想像力的是人，而不僅僅是機器。」備忘錄中這麼說明：「如果我們不接受這個挑戰，就有可能被世界看成缺乏氣魄。」

不出幾個星期，甘迺迪就在 5 月 25 日國會的聯席會議演說上，強調美國有緊急的國家需求。他說，其中一個需求，是在太空中完成某些事蹟，證明美國的全球領導地位。他強調：把美國人送上月球，並讓他們平安返回地球，可以說服發展中國家的大眾選擇「自由」的美國，而非「獨裁」的蘇聯。

在甘迺迪的演說後，NASA 的預算增加了 89%，第二年又再提高了 101%。阿波羅計畫成了美國史上最昂貴的民用技術計畫。

甘迺迪相信，紮實的太空計畫對於確保美國全球領導地位是不可或缺的。他告訴 NASA 署長，阿波羅計畫必須是「NASA 的優先計畫，也是美國政府除了國防以外的最優先計畫。否則我們不會花這麼多錢，因為我個人對太空不是那麼有興趣。」

甘迺迪敦促全國投注於月球探索，他也全力支持 NASA。他切實地看到：贏得太空競賽，能為國際關係和國家安全帶來龐大影響力。●

# 6 「自由7號」
水星計畫太空艙

時間：1961 年
製造者：麥克唐納飛機公司（McDonnell
Aircraft Corp.）
來源：美國密蘇里州聖路易市
材料：鈦、鎳鋼合金、鈹蓋板、玻璃纖
維、樹脂
尺寸：2.3 × 1.8 公尺
重量：1050 公斤

**1961 年 5 月 5 日**，一具小巧的單人太
空艙第一次把一名美國人送上太空。那
天早上美國東岸標準時間 9 點 30 分，指
揮官小艾倫・薛帕德（Alan Shepard, Jr.）
坐上他太空艙裡的位子，然後形狀細長
的紅石號火箭（Redstone rocket）把自由
7 號（Freedom 7）推上次軌道飛行。這
趟航程很短，只超過 15 分鐘一點點，但
太空船的飛行速度達每小時 8336 公里，
海拔高度達 187.5 公里，後來在距離佛

羅里達州卡納維拉角 480 公里處，降落
在大西洋上。

　　三個星期之前，蘇聯太空人尤里・
加蓋林成為第一位上太空的人類，為美
國的國家自信帶來一次打擊。NASA 把
人類送上太空之前，先發射了安裝在紅
石號火箭頂部的水星號太空艙，裡面載
了一隻名叫漢姆（Ham）的黑猩猩。因
為這次發射時助推器發生問題，NASA
延後了薛帕德的飛行。如果自由 7 號按
本來計畫的時間發射，薛帕德有可能領
先加蓋林飛上太空。薛帕德短暫的次軌
道飛行顯示美國依然擁有競爭實力。因
為這是採用紅石號火箭的第三個水星太
空艙，所以任務的正式名稱為水星一紅
石 3 號任務。

　　水星太空艙的設計，是因為蘇聯的
史潑尼克號在 1957 年發射後，NASA 加
快腳步把人類送上太空的結果。他們沒
有花時間建造和測試帶有機翼和起落架
的太空飛機（那是科幻迷熟悉的造型），
而是採用已經在研發中的彈道飛彈和重
返載具。重返大氣層的物理學決定了水

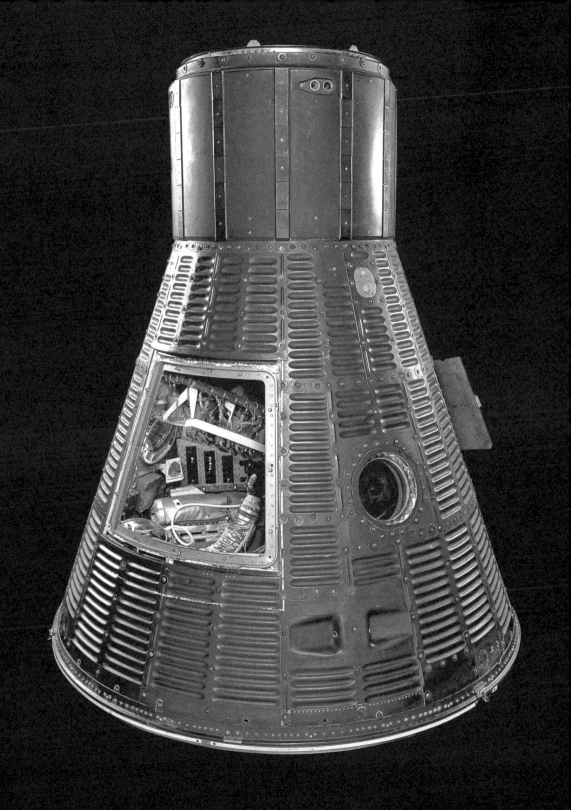

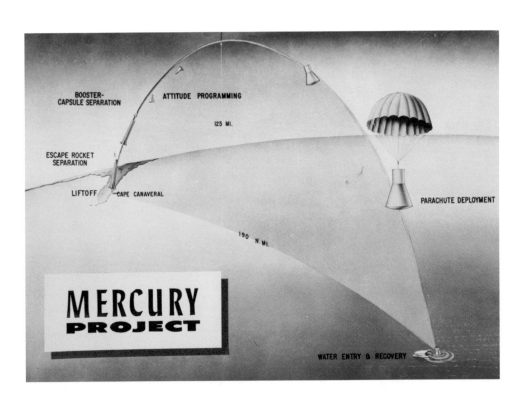

BOOSTER-CAPSULE SEPARATION

ATTITUDE PROGRAMMING

125 MI.

ESCAPE ROCKET SEPARATION

LIFTOFF—CAPE CANAVERAL

190 N. MI.

PARACHUTE DEPLOYMENT

WATER ENTRY & RECOVERY

MERCURY
PROJECT

星太空艙像是鐘的外型。從彈頭的研究
已經發現,像飛機一樣的流線型物體在
高速行進時,會在重返大氣層時因為與
空氣摩擦生熱而汽化。但是寬而圓的形
狀以超高音速前進時,會產生震波,讓
過熱的空氣從載具偏轉開來。剩下的熱
大多可以由防熱板吸收,讓座艙內維持
適當的溫度。

1959 年 1 月,NASA 委託位於密
蘇里州聖路易市的麥克唐納飛機公司
(McDonnell Aircraft Corporation)開發、
測試和建造水星太空艙。他們用鈦和鈹
作為這個錐形太空艙的材料,因為這兩
種材料既輕又堅固。為了安全,這個太
空艙可以自動控制也可手動控制。座艙
和水星任務太空衣都是含 100% 氧氣的

# 「上了太空，並了解到一個人的安全是由政府發包時出價最低的競標者來決定的，感覺非常發人警醒。」

——艾倫・薛帕德（Alan Shepard），
第一位上太空的美國人

環境。每個太空艙都安裝配合人形的躺椅，在飛行中劇烈的加速和減速時，可以分散身體的負載。

當麥克唐諾公司忙著製作運載第一個美國太空旅行者的載具時，NASA 也忙著尋找那個人。最初，任務小組本想開放給所有人申請，條件只有「願意承擔危險」並能夠處理壓力。他們覺得試飛員、潛艇艦長和北極探險家會是理想人選。然而，艾森豪把申請範圍限制在美國陸軍試飛員，這些人隨時可以執行勤務。1959 年 4 月 9 日，7 名人選從 100 多位合格的試飛員中脫穎而出，成為水星任務太空人。每個人為自己的太空艙命名，並加入「7」字，代表他們由 7 人組成的團體。

艾倫・薛帕德在微重力環境停留的 5 分鐘之間，證實了水星號太空艙是可以駕駛的，無重力環境對人體沒有什麼負面影響（至少在短時間內），以及 NASA 的發射和追蹤太空航具的系統是成功的。要到約翰・葛倫擔任的第三次水星載人任務，美國才達成像加蓋林一樣的軌道繞行全球。但薛帕德的短暫旅程仍然證實了美國太空人可以翱翔太空。●

# NASA藝術計畫

NASA署長詹姆斯・韋伯在看到布魯斯・史蒂文森（Bruce Stevenson）於1961年畫的艾倫・薛帕德肖像後，創立了NASA藝術計畫。他相信藝術能夠以不同於照片的方式，捕捉太空探索的精神。

NASA 署長詹姆斯・韋伯（James Webb）第一次看到藝術家布魯斯・史蒂文森（Bruce Stevenson）所畫的太空人艾倫・薛帕德肖像時，受到了啟發。這幅肖像捕捉到的某個東西，是相機、新聞稿和報告無法捕捉的。1962 年，韋伯擬了一份備忘錄，呼籲太空總署成立一個藝術計畫。後來他進一步解釋：「我們邁向宇宙時創造歷史的重要事件，可以透過藝術家的詮釋，對重要面向提供獨特的見解。」自從 NASA 藝術計畫在 1960 年代早期創設後，已經幫助數以百計的藝術家、音樂家、詩人甚至服裝設計師詮釋外太空的探索，為美國太空計畫提供多樣的視角。

為了實踐韋伯的願景，NASA 公共事務辦公室的藝術家詹姆斯・迪恩（James Dean）和華盛頓特區美國國家藝廊（National Gallery of Art）繪畫部門策展人 H・萊斯特・庫克（H. Lester Cooke）合作。重要的美國藝術家，包括插畫家諾曼・洛克威爾（Norman Rockwell）、抽象表現主義藝術家羅伯特・羅森伯格（Robert Rauschenberg），都曾到 NASA 的設施場所，不只觀看歷史性的任務，也觀察太空計畫的日常事務。藝術家實地參觀、登上回收艦艇和無塵室，畫出為任務進行準備的人與物，對象包括剛完成的水星任務，一直到雙子星任務和阿波羅任務。庫克感到「藝術家的視野包容廣闊，包含了這些事件的情感衝擊、詮釋以及背後的重要性。」雖然藝術家平均所得的酬金只有 800 美元，他們仍充滿熱情地參與這個計畫。

到阿波羅計畫結束時，NASA 藝術計畫產生了將近 3000 件作品。現在多數作品成為史密森尼國家航空太空博物館的館藏。從人類在地面上的平凡片刻到令人震懾的火箭發射，阿波羅任務的藝術作品把太空探索帶回人性的尺度。就像庫克所寫的：「我希望未來的人類會了解到，不只有科學家和工程師有能力塑造我們這個時代的命運，藝術家也有資格和他們共同占有一席之地。」

Alan B. Shepard
PAINTED BY
Bruce Stevenson

# 7 約翰‧葛倫的安斯可相機

時間：1962 年
製造者：美能達（Minolta）
來源：日本和美國
材料：金屬、玻璃、水晶、塑膠、魔鬼氈
尺寸：13.5 × 7.5 × 24.5 公分

**1962 年冬天**，水星任務太空人約翰‧葛倫在一間藥房買了一部安斯可全自動（Ansco Autoset）相機。儘管這部相機出身平凡，卻成了葛倫的得力助手，拍下了第一張人類從太空中拍攝的彩色照片。

　　一開始，葛倫的軌道任務並不包括拍照。飛行任務中指定使用的相機，是為了科學研究而配置，不是為任務做記錄，而且 NASA 認為，太空人拍照會干擾水星計畫的工程學目標。在美國第一次載人太空飛行時，並沒有手持相機

的選項，尤其艾倫‧薛帕德的自由 7 號太空艙根本沒有為飛行員設計的窗戶。雖然到了水星任務的第二位飛行員高斯‧格里森時，NASA 為他的自由鐘 7 號（Liberty Bell 7）安裝了一面梯形的窗戶，他的任務還是不包括攝影。但是葛倫相信，把太空飛行的冒險和世界分享是非常重要的，而且照片「有助於為看照片的人轉譯太空人的經驗」。他向休士頓的載人太空飛行中心（Manned Spaceflight Center），也就是後來的詹森太空中心（Johnson Space Center）主任羅伯特‧吉爾魯斯（Robert Gilruth）提出請求，後來得到允許。

　　任務之前，葛倫去佛羅里達州的可可海灘（Cocoa Beach）理髮，之後在附近的藥房看到一部相機，他進去把相機拿起來看，注意到它有全自動曝光功能，表示使用時不需調整相機，可以為短暫的任務省下珍貴的時間和專注力。這部相機除了當時最先進的功能，還有簡單、易於使用的設計。他花了 45 美元買下這部相機，帶回 NASA。

第52頁：工程師改造現成相機，讓使用者即使穿著厚重的太空衣也可以操作。

右頁：約翰・葛倫乘著友誼7號於地球軌道飛行時，使用安斯可相機拍下了佛羅里達海岸（上）和太平洋（下）的照片。

# 「一天之中看到四次美麗的日落，那真是無可言喻的感覺。」

——約翰・葛倫（John Glenn），在友誼7號飛行之後

因為葛倫必須穿太空衣飛行，會有厚厚的手套和魚缸型的頭盔，因此相機必須適當改造。美國無線電公司（RCA）的一位承包人，綽號「紅」的羅蘭・威廉斯（Roland "Red" Williams）很快製作出槍把式控制握柄，把相機上下顛倒，讓握柄和相機的過片桿和曝光鈕相連。這個握柄讓葛倫用一隻手就可以拿相機拍照。然後威廉斯又在新的相機「頂上」加裝了拍立得（Polaroid）的觀景窗，讓葛倫拍攝地球時不受頭盔影響。

1962 年 2 月 20 日，約翰・葛倫乘著巨大的擎天神號（Atlas）火箭進入地球軌道，同時帶著安斯可和另一部徠卡（Leica）相機。他成為繼其他水星任務夥伴的次軌道飛行後，第一個在地球軌道上飛行的美國人。葛倫用安斯卡相機作為白天或拍攝地平線景觀的傻瓜相機，而徠卡相機則安裝了光譜鏡片，用來拍攝獵物座的紫外線影像。在微重力環境中，安斯卡相機運作得相當成功。葛倫後來回憶：「我需要用到兩隻手時，就放開相機，讓它飄浮在我面前。」

雖然葛倫的照片傳遍世界各地，卻沒有達到後來阿波羅任務太空人照片的標誌性地位。要等很多年後，NASA 才開始重視太空影像的大眾傳播。因為 NASA 官員把攝影視為工程記錄和科學研究的手段，所以遲遲沒有把照片視為早期飛行計畫的重要部分。●

# 新的挑戰

第二章

引言

# 「不是因為
很簡單，
而是因為
很艱難……」

美國總統甘迺迪在 1961 年提出阿波羅計畫後不到十年，美國就讓載人太空船首次登陸月球。這個充滿雄心的旅程需要打仗般的動員力，號招數十萬人力，預算的數量級超過過去所有民間科學與科技計畫，所克服的工程學新挑戰不下數十項。

1962 年 9 月 12 日，在美國萊斯大學（Rice University），甘迺迪面對聚集在德州豔陽下的 4 萬名觀眾，呼籲大眾支持月球探索；在這場歷史性演講中，他問：「但有人會問，為什麼是月球？為什麼選擇登月作為我們的目標？」甘迺迪在演講打字稿中的行間草草寫下一句自己插入的話，以取得當地群眾的共鳴：「為什麼萊斯大學要對戰德州大學？」

然後，在如雷的掌聲中，他為美國之所以投資太空探索提出解釋：「我們決定在這十年內實現登陸月球以及其他的事，並不是因為這些事很簡單，而是因為很艱難，因為這個目標將會促使我們善加組織自己的力

But why, some say, the moon?  Why choose
this as our goal?  And they may as well ask:  why
climb the highest mountain?  Why 35 years ago
*Why does Rice play Texas?*
fly the Atlantic?  We choose to go to the moon
in this decade, not because that will be easy,
but because it will be hard -- because that goal
will serve to organize and measure the best of
our energies and skills -- because that challenge
is one we are willing to accept, one we are
unwilling to postpone, and one we intend to win.

量、琢磨我們頂尖的技術，因為對於這個挑
戰我們欣然接受、不願逃避，而且對於這
個挑戰我們志在必得，其他的挑戰也是如
此。」

　　正如總統的預測，為了抵達月球，美
國太空計畫確實克服了種種困難和挑戰。新
科技、新能力、新的管理組織方法，以及新
的訓練技巧，全都匯聚起來，以確保太空人
在這個大膽新任務中的安全，超越我們的行
星，抵達月球表面。●

# 8 雙子星 7 號太空艙

時間：1965 年
製造者：麥克唐納飛機公司
來源：美國密蘇里州，聖路易市（St. Louis）
材料：鈦、鈹合金、Rene 41 鎳鋼合金、聚矽氧彈性體防熱板
尺寸：3.3 × 2.25 公尺

**水星計畫**證明了美國的科技可以把人平安送上太空並返回地球。雙子星計畫則證明 NASA 擁有探索月球所需的能力。在 1965 到 1966 年的十次任務中，美國太空人測試了艙外活動（extravehicular activity，簡稱 EVA，即俗稱的「太空漫步」）、會合與對接，以及長期太空飛行。這個太空艙（左頁）有兩個座位，載了法蘭克・鮑曼和詹姆斯・「吉姆」・洛維爾（James "Jim" Lovell）兩位太空人，進行了為時兩週的創紀錄任務，在此期間他們在軌道上參與了第一次會合，並執行了一系列生物醫學實驗，為往後的登月任務鋪路。

當雙子星 7 號在 1965 年 12 月 4 日發射時，沒有人知道在阿波羅任務的時間長度中，微重力對人體有什麼影響。鮑曼和羅威爾進行了 20 項實驗，許多實驗和自己的心血管、肌肉和消化系統有關。他們的生活作息和休士頓的時間相同，在同樣的十個小時期間睡覺，並和地面上一名特定的飛行控制員「太空艙通訊員」（capsule communicator，簡稱 CAPCOM）在同樣的時間用餐。整整兩週內，所有的食物、日誌、實驗器材、個人物品、垃圾甚至糞便，都必須儲存在他們小小的太空艙內。在飛行前，兩位太空人先預演過每個儀器的位置、每個物品該收在哪裡，不管多小的東西都一樣。儘管如此，他們還是在任務進行到一半時遺失了一支牙刷。

鮑曼和羅威爾所穿的壓力衣是特別研發的，這種壓力衣雖然體積龐大，但重量已經比前代的服裝輕很多，也沒

**第60頁：**雙子星7號太空艙，展示於美國史密森尼航空太空博物館的烏德沃・哈齊中心（Udvar-Hazy Center）。

**下圖：**美國「雙子星郵票」發行於1967年，紀念美國第一次太空漫步，屬於雙子星4號任務的一部分。

**右頁：**1965年12月18日，找到大西洋中的雙子星7號太空艙後，胡蜂號航空母艦（U.S.S. Wasp，CVS-18）的全體船員等待法蘭克・鮑曼和詹姆斯・洛維爾登艦。胡蜂號是五次雙子星任務的主要回收艦。

有堅硬的頭盔，而是柔軟的拉鍊式頭罩。抵達軌道後，太空人可以脫掉頭罩和手套。任務進行至48小時後，太空人可以輪流脫去笨重的壓力衣待在太空艙內。羅威爾先開始。他花了將近一小時才從壓力衣中掙脫出來，不過成功之後，覺得太空艙內的環境相當舒適。羅威爾享受著不用穿壓力衣的自由時，鮑曼實在無法忍受。花了八天時間與NASA地面控制中心爭辯後，NASA終於允許兩位太空人同時不穿壓力衣。

在發射前一個月，雙子星7號接受了一項附加的任務目標──在軌道上進行首度會合。1965年10月25日，NASA計畫在同一天發射雙子星6號任務和無人飛行器阿金納號（Agena），來測試會合和對接。但阿金納在大西洋上空爆炸後，兩名麥克唐納官員提議把任務計畫順序對調。於是雙子星6號任務先暫緩，但雙子星7號任務按原定計畫發射。等鮑曼和羅威爾進入軌道後，發射臺迅速清空，準備讓雙子星6號任務（重新命名為雙子星6A任務）發射。12月15日，鮑曼和羅威爾起飛後已經

進入史無前例的 11 天，NASA 把太空人華特·舒拉（Walter Schirra）和湯瑪斯·斯塔福德（Thomas Stafford）送上天空。雙子星 6A 號的成員很快就找到雙子星 7 號，兩艘太空船在幾個小時中維持著 0.3 到 60 公尺之間的距離，之後才再度分開。

雙子星 7 號任務非常累人，有時又很沉悶，因此太空人帶著書作為任務期間的調劑。鮑曼帶了馬克·吐溫（Mark Twain）的《苦行記》（Roughing It），羅威爾則帶了華特·愛德蒙茲（Walter D. Edmonds）的《虎帳狼煙》（Drums Along the Mohawk）。當他們終於在 1965 年 12 月 18 日落在大西洋上時，兩人都很疲倦，但身體健康，證明了太空人可以往返月球而不至危害健康。●

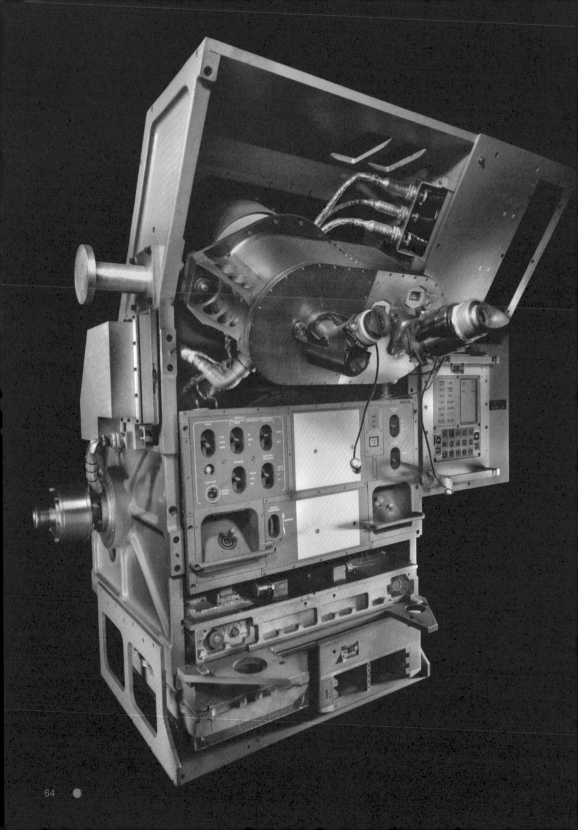

# 9 阿波羅
導引電腦

時間：1961 年代中期
製造者：美國雷神公司（Raytheon）；
麻省理工儀控實驗室（MIT Instrumen-
tation Laboratory）
來源：美國麻薩諸塞州，劍橋（Cam-
bridge）和沃爾珊（Waltham）
材料：鋁、鋼、多種金屬、塑膠、玻璃
尺寸：1 × 0.9 × 1.15 公尺

**這個東西可以說是**阿波羅太空船的腦。
在美國總統甘迺迪宣布登月目標後不
到十週，在 1961 年 8 月，麻省理工學
院取得「阿波羅導引電腦」（Apollo
Guidance Computer, AGC）唯一供應商
的合約，這也是阿波羅計畫的主要合約
中，唯一由大學來完成的。

　　NASA 對 MIT 的科技專業有信
心，相信他們能夠發展出足以讓太空

船往返月球的慣性導引系統（inertial
guidance system），不過其中最重要的
因素，卻是麻省理工儀控實驗室（MIT
Instrumentation Laboratory）主持人查
爾斯・史塔克・德雷珀（Charles Stark
Draper）和 NASA 署長詹姆斯・韋伯兩
人間的私交。二次大戰期間，德雷珀在
發展防禦海軍艦艇的最新式 Mark 14 型
陀螺瞄準器時，韋伯在斯佩里陀螺儀公
司（Sperry Gyroscope）工作。韋伯問
特雷珀怎麼知道 AGC 行得通時，這位
60 歲工程師的反應是自願在第一次阿
波羅登月任務上飛行，並立刻提交申請
表給 NASA 的太空人計畫。

　　德雷珀提出 AGC 的輕巧規格：重
量少於 45 公斤、體積小於 0.03 立方
公尺，耗電少於 100 瓦。他本來想要
使用非常可靠的磁芯記憶體（magnetic
core memory），這在當時是商業和軍
事上都普遍採用的系統，然而 AGC 的
首席硬體工程師艾爾頓・霍爾（Eldon
Hall）卻提出完全不同的建議：使用

第64頁：麻省理工儀控實驗室（MIT Instrumentation Laboratory）用這個完整的阿波羅導引和導航系統，來測試和複製指揮艙中裝載的系統。

右頁：這張用16毫米底片拍下的畫面，顯現阿波羅8號任務指揮艙中，駕駛員吉姆·洛維爾在月球軌道上透過掃描望遠鏡辨認恆星，來校準阿波羅導引電腦（Apollo Guidance Computer）的定位。

當時新創的快捷半導體公司（Fairchild Semiconductor）的積體電路，在不增加電腦大小和重量的前提下，提升計算速度。最後，單是為了阿波羅計畫，這種既創新又還未獲得普遍認證的科技，就生產了超過 100 萬個晶片。

最初 AGC 的構想是作為阿波羅指揮艙的導引、導航和控制系統，仰賴非常精確的慣性導引平臺，這種平臺使用陀螺儀和加速度計來測量太空船的位置、速度和加速度。為了了解這個平臺準確度的偏移，透過太空人本身用六分儀和望遠鏡測定恆星，可以更新太空中的精確位置。主要人機介面則是一組簡稱為 DSKY 的顯示器和鍵盤。資料會透過有限的名詞和動詞架構，告知太空人重要的任務事件。

當 MIT 在 1961 年提出 AGC 構想時，「軟體」（software）一詞還沒有發明。到 1966 年之前，MIT 多數工程師的工作是軟體而非硬體相關。現代人常用 AGC 有限的處理速度和小量的記憶體，來說明當前智慧型手機的性能有多麼強大，實在是搞錯重點。雖然 AGC 和現今的電腦比起來非常受限，它的設計卻非常強韌和有效。當時軟體的研發必須使用打孔卡片，用 MIT 的大型電腦通宵運算。一種結合了類比電腦和數位電腦的併合模擬器，在人類即時參與的控制迴路條件下，被用來測試 AGC 的硬體與軟體。

阿波羅計畫的軟體使用的程式碼稱為 Colossus 和 Luminary，用組合語言指令寫成，寫程式的每個工程師都可以完全理解。當阿波羅 14 號任務由於緊急中止開關故障而嚴重威脅登月任務時，27 歲的工程師唐·艾爾斯（Don Eyles）設計了一個變通辦法，在併合模擬器上測試，然後送到任務控制中心（Mission Control），讀給太空人艾倫·薛帕德和艾德·米切爾（Ed Mitchell）聽，讓他們透過 DSKY 手動輸入。這個精湛的解決辦法在兩小時之內發展出來，挽救了月球登陸任務，證

明了阿波羅導引電腦的恢復力以及人類
所能達到的軟體之優美。

　　AGC 在每一次阿波羅任務的表現
都完美無瑕，甚至連一次硬體錯誤都沒
有。雖然在登陸月球的最後階段，每位
阿波羅任務的指揮官都必須擔負起手動
控制的任務，這些指令的路徑也會通過
電腦的數位自動駕駛裝置，來控制下降
發動機和姿態控制系統。正如 MIT 的

計畫負責人大衛‧霍格（Dave Hoag）
後來所說：「在讓人登陸月球這個驚人
又大膽的課題中，這個任務的導引設備
是從簡樸的原則、豐富的想像力和龐大
的努力中誕生的。」●

## 阿波羅計畫VIP

# 瑪格麗特・漢彌爾頓，阿波羅飛行軟體的主要設計者

**瑪格麗特・漢彌爾頓**（Margaret Hamilton）開始寫電腦程式時，還沒有「軟體工程師」一詞。漢彌爾頓 1936 年出生於美國印第安納州，1958 年畢業於厄爾罕學院（Earlham College），兩年後獲得在麻省理工學院（Massachusetts Institute of Technology，MIT）寫電腦程式的工作。在 MIT，漢彌爾頓開啟了後來延續整個職業生涯的興趣：修正程式設計錯誤。在程式設計初萌芽的時代，她和同儕從實作中學習工程和故障排除，用充滿創意的方法面對自己的工作。有時候他們可以透過大型電腦製造出來的背景噪音，分辨自己的軟體是否順暢運作。

1963 年，漢彌爾頓正準備進入布倫戴斯大學（Brandeis University）的研究所攻讀抽象數學的學位時，MIT 取得 NASA 的合約，為阿波羅太空船設計導引和導航電腦（AGC）。漢彌爾頓不想錯過這個機會，聯繫計畫辦公室，分別和兩名計畫主持人進行面談。兩位主持人都當場決定雇用她，

她建議兩人應該丟銅板決定她要去誰的團隊工作。接下來幾年之內，漢彌爾頓成為 MIT 儀控實驗室（MIT Instrumentation Lab）軟體工程組（Software Engineering Division）的主持人，也是 AGC 背後的主要設計者之一。

為阿波羅導引電腦設計軟體時，漢彌爾頓和她的團隊必須創造新的軟體系統，以引導和控制阿波羅任務太空船前進月球。「除了作為開路先鋒，別無選擇……找不到問題的答案時，我們只能創造答案。」她後來回顧。團隊中充滿「天不怕地不怕的二十多歲年輕人」，他們有自由（也有壓力）來對付太空導航的挑戰。

在使用漢彌爾頓軟體的阿波羅計畫和太空實驗室（Skylab）計畫期間，從沒發生過嚴重故障。然而漢彌爾頓的女兒蘿倫（Lauren）卻預示了一次最嚴重的錯誤。那時四歲的蘿倫在漢彌爾頓的辦公室玩著顯示器和鍵盤（DSKY），在模擬器的飛行途中，輸入了發射前使用的程式 P01，導致嚴重錯誤。漢彌爾頓因此建議加入一行程式碼，以避免這種情況發生。但 NASA 告訴她，沒有任何太空人會犯下這種錯誤。

在阿波羅 8 號任務時，吉姆・洛維爾意外刪除了指揮和服務艙的導航數據，導致與漢彌爾頓女兒所造成的相同狀況。幸好電腦的設計很穩健，漢彌爾頓和她的團隊才能夠找到方法，在幾小時內從地面修正問題，見證任務圓滿完成。

漢米爾頓後來為 NASA 發展太空梭使用的軟體。她也成立了兩間公司，專門設計可靠的軟體，並因為她為阿波羅計畫做出的貢獻，在 2016 年獲頒美國總統自由勳章（Presidential Medal of Freedom）。她一直是工作場域裡少數的女性之一，在締造阿波羅計畫的成功、幫助推動電腦在外太空的運算上，她都是一位卓越的人物。●

# 10 阿波羅任務模擬器

時間：1960 年代中期
製造者：林克航空（Link Aviation），隸屬通用精準公司（General Precision）
來源：美國紐約州賓漢頓市（Binghamton）
材料：鋼和多種金屬，塑膠，玻璃光學鏡片和玻璃窗
尺寸：控制臺：2.46 × 1.52 × 1.19 公尺

阿波羅 11 號任務太空人麥可・柯林斯把模擬形容成「NASA 的心與靈魂」，同為太空人的約翰・楊則沒那麼客氣，他形容這個奇形怪狀的阿波羅任務模擬器（Apollo Mission Simulator）是「巨大的火車殘骸」。

阿波羅任務模擬器和月球任務模擬器（Lunar Mission Simulator）都由紐約州賓漢頓市的林克航空設計和建造。

這兩部模擬器是 NASA 訓練計畫的核心，不只是訓練阿波羅任務太空人，也用來訓練整個任務控制中心團隊。模擬器提供必要的訓練，讓團隊在複雜程序中成功執行登月任務。

阿波羅模擬器推動著最新模擬技術的進步，達到非常高的忠實度和真實感，這包括太空人在飛向月球時會經歷到的視覺和聽覺線索。

精確複製太空船中的儀表板和座艙操作非常重要。驅動阿波羅模擬器的軟體中，包含運動的數學方程式，掌管著月球飛行。支持模擬器的類比和數位電腦像房間那麼大，阿波羅任務的每個動態階段都可以即時合成用於飛行，自由度為 6，意思是運動方向包括進、退、上、下、左、右，並一邊滾轉。

包圍在太空船周圍的奇怪幾何形狀是光學系統，由位於紐約州布隆克斯（Bronx）的法蘭德光學（Farrand Optical）設計，目的是在太空船每一側的窗戶呈現出高解析度的影像。如此

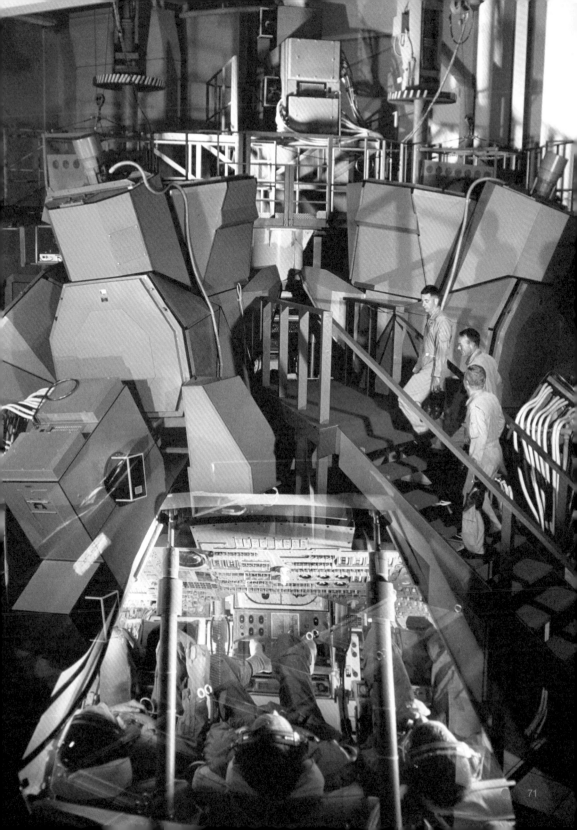

一來，太空人可以練習用阿波羅太空船的六分儀和望遠鏡來觀星，對於修正更新太空船的慣性導引系統（inertial guidance system）來說十分重要。

模擬器在 1966 年首次來到 NASA 時，林克公司的工程師仔細認真地確保模擬器和太空船快速改變的配置完全相同。不久，NASA 就成立了一個管理委員會，把硬體和軟體的變更維持在最小程度，使阿波羅太空船和模擬器的配置都保持穩定。

模擬器管理人（Simulator supervisor，簡稱為「Sim Sups」）和整個團隊的教練發展出一系列高明的難題，這些故障既困難又可信，訓練阿波羅組員即時做出正確反應。阿波羅太空船模擬器和 NASA 的任務控制中心也常常進行整合性的任務模擬。這種訓練非常逼真，訓練對象不只有將要擔任飛行任務的太空人，也包括飛行控制員，

他們必須監看太空船的遙測資料，確保任務操作的安全執行。

到了 1968 年，阿波羅模擬器已成了備受信賴的工具。因為阿波羅模擬器複製太空船功能的程度非常高，因此面對挑戰性日益提升的任務，這些模擬器被用來發展來必要的複雜程序。在阿波羅任務的第一次飛行期間，感到挫折的指揮官華特・「華利」・舒拉（Walter "Wally" Schirra）挑釁地要求任務控制中心把計畫之外的程序「塞給模擬器執行一遍，如果它做不來，我們再來試試看。」

阿波羅任務的太空人在任務前的幾個月，都花了幾百個小時在這些模擬器裡訓練。每一次登月任務期間，太空人都無可避免地拿飛向月球的真實經驗和訓練過程中的虛擬經驗相互比較。每一次阿波羅任務的書面記錄中，都可以看到「就像模擬器一樣」的句子。

或許最讓人印象深刻的，是阿波羅 13 號任務發生爆炸、導致太空船所有主要功能故障後，模擬器幫忙挽救了飛行組員的生命。在地面上，太空人、模擬器教練和飛行控制員發展出複雜的程序來操作受損的太空船，而阿波羅任務模擬器馬不停蹄地核對每一項更正動作，其中包括透過複雜的程序，來使熄火的阿波羅指揮艙在即將重返地球大氣層時重新獲得動力；即使是心思最細密的模擬器管理人也不曾預想過這種情境。結局是阿波羅 13 號任務平安返回地球，讓一些人稱之為 NASA 的「最輝煌時刻」。●

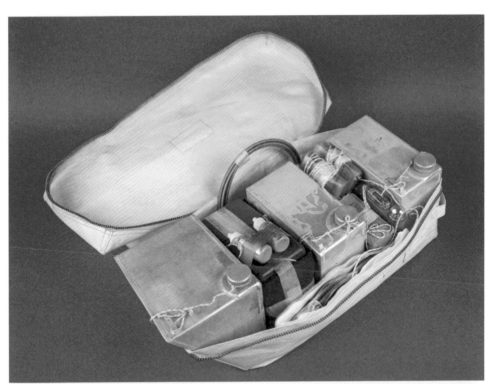

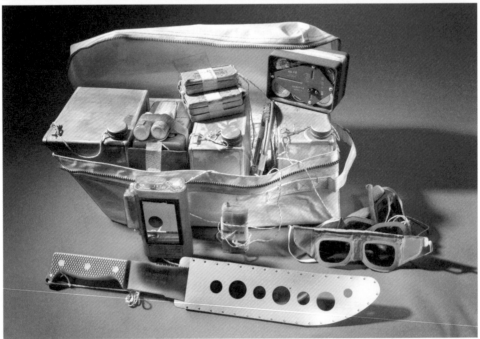

# 11 阿波羅 11 號任務求生包

時間：1968 年製造，1969 年飛行
製造者：B. 威爾森公司（B. Welson & Co.）
來源：美國康乃狄克州哈特福市（Hartford）
材料：貝他布（Beta cloth）、黃銅、鋼、塑膠、玻璃、尼龍、泡棉、魔鬼氈
尺寸：54.6 × 30.5 × 49.5 公分

**阿波羅任務指揮艙的圓鈍艙體**重返大氣層時，雖然能保護太空人免於劇烈的摩擦熱，但也減低了著陸的精準度。指揮艙劃過大氣時的軌跡，是它最後會落在海洋何處的決定因素。NASA 設計了應變計畫，以防太空艙掉落的位置和美國海軍艦艇待命打撈的地點相距太遠。阿波羅 11 號任務的求生包（左頁）很幸運地從來沒派上用場。指揮艙「哥倫比亞號」（Columbia）順利落在太平洋上，距離回收艦大黃蜂號航空母艦（U.S.S. Hornet）只有 12 海里（約 22 公里）。

這組求生包中配備了緊急無線電信標及替換用電池；三個水壺，可以從太空艙的供水系統接水，或裝入海水，透過水壺中的淡化設備淡化；兩個多功能求生燈，附有指南針；釣魚線；淨水藥片；火種；三副墨鏡；兩瓶防曬乳；一把大砍刀。

太空人一次又一次進行落水練習，就像他們為任務所做的其他練習一樣。因為太空艙預期會落在水中，這個訓練要從一個出口離開位於水裡的太空艙。即使海相平靜時，從指揮艙爬出來還是有危險性。太空人離開太空船的練習，一開始是在人為控制的水池裡，後來移到墨西哥灣的開放水域。如果一切按照計畫，執行回收任務的游泳人員會透過直升機部署，在那裡幫助落入海中的太空人。但萬一太空艙落在回收區域之外，NASA 在每個太空艙都準備了三人用的充氣筏，加上一個求生包，提供開

第74頁：阿波羅11號任務的求生包，顯示包裝好以及把求生設備攤開來的樣子。

右圖：（左起）法蘭克・鮑曼、尼爾・阿姆斯壯、約翰・楊、德科・斯雷頓（Deke Slayton）在內華達州雷諾市進行沙漠求生訓練，內容包括在墜機著陸的狀況下，利用手邊材料例如降落傘來製作保護衣物。

「以這麼多太空人訓練的例子來說，這些知識並沒有真正派上用場⋯⋯盡可能為各種變數做好準備才是思慮周密的作法。」

——麥可・柯林斯，
《烈火雄心》
（Carrying the Fire）

放水域上48小時的保護。

　　NASA 也為比較不可能發生的狀況做準備，也就是太空艙墜落在陸地上的情況。因為萬一發生時，最可能墜落的地方是熱帶雨林或沙漠，訓練地點在巴拿馬運河和內華達州雷諾市（Reno）的斯太得空軍基地（Stead Air Force Base）。太空人在教室裡上過求生訓練課後，NASA 把他們和一名訓練人員留在野外幾天，並留給他們衣服以及計畫

在太空艙中使用的物資。這個練習也測試求生包的效益，促成了更多救援策略的發展，包括從搜救飛機上空投水。

最後，所有的阿波羅任務太空船都落在目標區域幾公里以內的地方。正如太空人麥可・柯林斯所說：「因此，以這麼多太空人訓練的例子來說，這些知識並沒有真正派上用場，儘管如此，盡可能為各種變數做好準備才是思慮周密的作法。」●

# 12 羅伯特・福斯特的麥克唐納夾克

時間：1960 年代
製造者：不明
來源：美國
材料：棉／聚酯混紡布料、繡線、金屬拉鍊、塑膠釦子
尺寸：66 × 167.5 公分

**為了實現登陸月球**，有數以十萬計的人賣力工作。美國總統甘迺迪在 1961 年呼籲要在十年內把人類送上月球，而且平安返回地球，這需要動員大量的資源，包括勞力的擴增。NASA 先訂出所需的新科技，以及完成這些新科技所需的時間表，然後公開計畫進行招標。這些計畫和設施後來分散全美各地，太空總署則專注在管理和統合的工作。

從 1960 年到 1966 年，NASA 的員工人數從 1 萬人增加到 3 萬 6000 人，同時間承包商的員工人數也膨脹為 10 倍。1960 年時，參與美國太空計畫的人數，包括私營企業、研究機構和大學，有 3 萬 6500 人。到了 1965 年，數字達到 37 萬 6700 人。其中有許多人穿著制服工作，例如這件夾克（見第 81 頁）的主人是羅伯特・李・福斯特（Robert Lee Foster）。福斯特是美國麥克唐納飛機公司的工程師，也是數十萬承包商僱員之一，他們的努力把美國推入太空。

羅伯特・「鮑伯」・佛斯特（Robert "Bob" Foster）在 1922 年 2 月 7 日出生於美國伊利諾州的傑克孫維（Jacksonville）。1942 年，他離開聖路易華盛頓大學（Washington University in St. Louis）投入美國陸軍，到 1950 年離開美國陸軍工兵隊（Army Corps of Engineers）時，軍階已經晉升到上尉。同年，他獲得喬治亞理工學院（Georgia Institute of Technology）的獎學金，並在 1952 年畢業，取得電力工程學士學

位。他一畢業隨即得到麥克唐納飛機公司錄用，任職於飛機工程組的設計部。當麥克唐納公司在 1958 年得到水星計畫太空船的合約時，任命福斯特進入設計團隊。1959 年，福斯特偕同妻子安托內特（Antoinette，小名「托妮」）和三個小孩搬到佛羅里達州，成為當時水星計畫的主電力工程師，後來更成為雙子星計畫的營運管理經理。麥克唐納公司在 1967 年和道格拉斯飛機公司（Douglas Aircraft Company）合併，成為麥克唐納道格拉斯公司（McDonnell Douglas），在水星和雙子星計畫的太空船和土星 IVB 火箭（Saturn IVB）中都是主要承包商。

在太空時代搬到佛羅里達州的包商家庭很多，鮑伯・佛斯特和他的家人並不是唯一。1950 年代後期和 1960 年代初期，隨著美國有愈來愈多太空計畫的運作以卡納維拉角為中心，這個地區的人口也增加了十倍。整個地區興建

住宅、開設學校，世界的目光也聚集到佛羅里達州的東岸。托妮・福斯特在 1961 年聖誕節寫給家人的信中如此描述她的新家：「可可海灘充滿對比⋯⋯它本來只是個平靜的南方小城，但突然大出風頭。」她在小學教書、料理日常生活，她的丈夫在 NASA 工作，

而丈夫與太空人的熟識，讓他們的生活一點都不平凡。在同一封耶誕節家書中，她描述和家人一同外出用餐，而水星計畫的太空人史考特‧卡本特（Scott Carpenter）和約翰‧葛倫經過他們桌前時還停下來打招呼。她說，她們一家要離開餐廳時，花了將近一個鐘頭才脫身，因為記者把他們團團圍住，想知道這個能夠與世界上最有名的人相互直呼名諱的家庭到底是什麼來頭。●

# 阿波羅計畫
# 各部組件

第三章

# 「史上生產過最好的太空船……」

月球軌道會合的方式來進行登月任務，需要三節式的太空船：指揮艙（command module，CM）、服務艙（service module，SM）和登月艙（lunar module，LM）。農神5號（Saturn V）火箭會把這三個部分一同送往月球軌道，此時三個部分就像單一航具般運作。太空人抵達月球軌道後，登月艙會與指揮艙和服務艙分離，降落在月球表面。太空人完成月球漫步後，回到登月艙，在返航段（ascent stage）中離開月球表面，與軌道上的指揮艙會合。然後所有成員進入地球大氣，乘著圓鈍的指揮艙，降落在太平洋上。

阿波羅任務的太空人自然而然都對他們的太空船產生感情。阿波羅任務的太空載具達成了前所未有的壯舉：平安運送太空人往返月球。「我們回到指揮艙時，就像回到家一樣。」阿波羅17號任務的指揮官尤金·塞爾南回憶他從月球表面返回時的情景。

1969年7月，阿波羅11號任務結束

NASA畫家繪製的概念圖,顯示阿波羅太空船發射時的組態,包括未展開的登月艙及發射逃生系統。萬一在發射期間發生意外,發射逃生系統可以把太空人送到安全處。

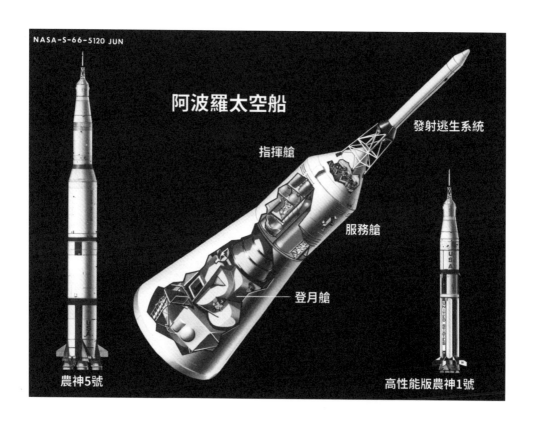

NASA-S-66-5120 JUN

## 阿波羅太空船

指揮艙

發射逃生系統

服務艙

登月艙

農神5號

高性能版農神1號

時,就在太平洋的水面降落地點不遠處,平安地在回收艦大黃蜂號上完成隔離之後,太空人麥可·柯林斯最後一次登上哥倫比亞號指揮艙,在艙內六分儀上方的面板上用筆寫下:「史上生產過最好的太空船。願上帝保佑它。麥可·柯林斯,指揮艙駕駛。」

為了生產阿波羅計畫的主要部件,需要全美各地數以千計的人參與。在阿波羅組件研發的背後,呈現出把人類送上月球所需的複雜性與精確度。●

# 13 農神 5 號火箭控制設備單元

時間：約 1970 年
製造者：國際商業機器股份有限公司（IBM）聯邦系統部門（Federal Systems Division）
來源：美國阿拉巴馬州亨次維（Huntsville）
材料：鋁電子零件
尺寸：0.9 × 6.6 公尺

**把人類送上月球的第一步**，也是最艱鉅的一步，是掙脫地球重力的枷鎖。為了舉起三艘太空載具前所未有的沉重酬載，NASA 也必須打造出前所未見的火箭。農神 5 號是多年的實作和數十年理論思考的累積。美國史密森尼國家航空太空博物館保管了三具完整的農神 5 號火箭，不過只有拆成局部，博物館展覽廳裡才放得下，例如農神 5 號火箭

的控制設備單元（Instrument Unit，簡稱 IU）。這個巨大的環形裝置是高聳火箭的電腦化大腦，幫助確保阿波羅任務的太空人抵達月球。

農神 5 號是多級載具，完整組裝後，直立高度超過 110 公尺。它是三級火箭，依序點燃，以抵達軌道。每一級都是獨立發展和製造的火箭：第一級是 S-IC；第二級是 S-II，第三級是 S-IVB。每級火箭都有兩個燃料箱，一個裝滿了液態氧（LOX），另一個則依火箭的不同，會裝滿 RP-1（一種高度精煉的煤油）或液態氫（LH2）。燃料和氧混合並點燃後，會造成連續反應，以非常快的速度推動火箭前進。在發射過程中，第一級火箭會在兩分半鐘內就消耗超過 110 萬公升的 RP-1，讓整個載具加速到將近每小時 1 萬公里，然後第一級火箭會與其他部分脫離，掉落到大西洋。此時，第二級火箭點燃，把整個載具推到接近軌道的地方，在六分鐘內抵達海拔 183 公里處。然後第三級火箭接手，

第86頁：在載具組裝大樓（Vehicle Assembly Building）內，工程師把控制設備單元引導到農神5號火箭上。他們站在S-IVB火箭頂上，距離地面超過90公尺。圖中這具火箭把阿波羅11號任務的太空人送上太空。

再過大約兩分半鐘抵達軌道高度 190 公里，時速超過 2 萬 8000 公里。控制設備單元必須承受三級火箭點火的力道，同時引導農神 5 號火箭的軌跡。

國際商業機器股份有限公司（IBM Corporation）和通用動力公司（General Dynamics）利用鋁製蜂巢狀結構製作外壁，完成這個壯觀的環形裝置；其中 IBM 是主要承包商，通用動力公司則建造蜂巢狀結構。這個結構以略少於 2.5 公分的厚度，承受農神 5 號發射時所有的力。一旦抵達地球軌道，控制設備單元的電腦會檢查整個系統，並略作修正。確認運作良好之後，電腦會指示第三級火箭再啟動，給予阿波羅太空船最後一推。一旦朝向月球目標行進，第三級火箭及控制設備單元就會從酬載分離。

控制設備單元在飛行的初始階段扮演非常重要的角色。它追蹤火箭航線、控制動作和分離順序，並接受地面控制中心的指令，必要時也接受指揮艙的指令。在發射的第一階段，農神 5 號遵從一組程式化的系列動作。四個外部 F-1 引擎為農神 5 號提供動力的，這些引擎安裝在環架上，因此可以操縱從發射臺升空的太空船。電腦會記錄所有和程式化航線之間的偏差，但不會立刻做調整，因為在這個階段修正的話，會讓火箭承受不必要的壓力，可能導致火箭在半空中分崩離析。控制設備單元會在適當的時間點，把分離的命令送到各級火箭，引爆炸藥、切斷連結，並啟動小型火箭，讓用完的部分脫離太空船的其他部分。第三級火箭和阿波羅太空船在地球軌道上、前往月球之前，控制設備單元會連結指揮艙電腦和地面控制中心，進行檢測。最後，控制設備單元把 S-IVB 送上太陽軌道，或者在後來的任務中，會墜落在月球上，形成地震學實驗的一部分。

控制設備單元電腦的正式名稱是「發射載具數位電腦」（Launch Vehicle Digital Computer），和阿波羅導引電腦（AGC）有根本的不同，雖然兩者都是很大的科技成就。AGC 本身沒有

冗餘,萬一指揮艙電腦發生任何問題,就要仰賴休士頓任務控制中心的指令,又萬一登月艙導引電腦失效時,就會讓登月艙進入「中止導引系統」(Abort Guidance System)。相對的,控制設備單元電腦則透過冗餘達成可靠性。IBM把每個電路複製三份,如果在一項操作中,三份電路有所衝突,會有一個表決電路選出占多數的指令,因此容許個別電路故障的可能。農神火箭共發射過32次,從未發生過任何故障,對早期的火箭來說,是聞所未聞的數字。●

**阿波羅計畫VIP**

# 華納・馮・布朗和火箭技術的發展

沒有人比華納・馮・布朗（Wernher von Braun）更像羅馬神話中的雙面神雅努斯（Janus）一樣，能夠象徵火箭的兩面性了。他擔任納粹 V-2 彈道飛彈計畫的技術指導時，實現了使彈頭在五分鐘內投中遠方城市的可能性。而作為 NASA 馬歇爾太空飛行中心（Marshall Space Flight Center）的主持人，他帶領橫跨美國東西岸的團隊，設計、建造並交出巨大的農神 5 號火箭，也就是把阿波羅任務太空人送上月球的火箭。

馮・布朗男爵 1912 年出生於普魯士貴族世家，青少年時期就著迷於太空飛行。他決定要研究液態燃料火箭學，因為當時的太空飛行理論先驅認為，這種方式可以把太空載具加速到前所未聞的程度。他因為著迷於月球探險，在柏林讀大學時加入了一個火箭俱樂部。

1932 年末，德國陷入政治混亂，馮・布朗以發展液態推進劑火箭從事祕密博士論文研究，由陸軍資助。就在他的研究開始後不久，希特勒建立了極權獨裁統治；馮・布朗在右翼民族主義的家庭背景中成長，對

此沒有太多不滿，而且很快就體會到納粹軍備經費的好處，讓他本來的小型計畫擴大成波羅的海佩內明德市（Peenemünde）的極機密火箭發展中心。隨著第二次世界大戰在 1939 年開始，生產作戰武器的壓力也提高。延遲許久之後，德國終於在 1944 年末發射了對抗同盟國城市的 V-2 飛彈。飛彈在地底下組裝，使用集中營的勞力，嚴酷的條件導致的死亡人數比被飛彈炸死的人還多。馮・布朗多少有點不情願地成為黨員及納粹親衛隊（SS）官員，以求繼續發展他的事業，這使他牽扯上戰爭犯罪。

不過，戰爭結束後，馮・布朗沒有遭到清算，原因是美國想要掌握 V-2 技術、發展導向飛彈。馮・布朗帶領超過一百名德國人，先是在德州的帕索（El Paso），然後在阿拉巴馬州的亨次維，為美國陸軍飛彈計畫效力。他仍深深著迷於太空旅行，利用空閒時間把想法推銷給當時仍半信半疑的一般大眾。1952 年事情有了突破，那時他在《柯立爾》（Collier's）雜誌上的文章接觸到廣大的讀者，後來更演變出華特・迪士尼（Walt Disney）一個大受歡迎的電視節目。1957 年秋天蘇聯的史潑尼克人造衛星成功之後，他的團隊把美國的第一枚人造衛星探險者 1 號（Explorer 1）送上軌道。很快地，馮・布朗的亨次維團隊就從核子彈道飛彈轉而研發巨大的太空助推器：農神火箭。1959 年，美國總統艾森豪指示馮・布朗的團隊（現在已經成為包含數千美國人的團隊）轉任於當時新成立的 NASA。

在阿波羅任務中，馮・布朗的角色是一個龐大計畫的總指揮，發展農神 1 號、1B 號和 5 號火箭。這個計畫規模之大，需要許多航空太空公司在加州和路易斯安納州的設施中，發展和製造各級巨型火箭。雖然馮・布朗本人沒有設計發射載具，仍是不可或缺的工程管理人，對於召集和領導人數眾多的團隊以發展出嶄新的科技，展現出非凡的天份。他在火箭和太空飛行上的開創性貢獻將會永遠被後人記得，然而他為了發展自身事業而對納粹第三帝國的道德妥協，也會被歷史永遠記上一筆。●

# 14 登月艙 2 號

時間：1960 年代晚期
製造者：格魯曼飛機工程公司
（Grumman Aircraft Engineering
Corporation）
來源：美國紐約州貝士佩治
（Bethpage）
材料：鋁、鈦、鍍鋁麥拉（Mylar）膜、
鍍鋁凱通（Kapton）膜
尺寸：6.5 × 6.5 公尺

這座登月艙有細細長長的腳和四四方方的身體，看起來似乎不適合飛行，更不用說飛在充滿危險的外太空了。但這艘簡直像蜘蛛一樣的太空船不只讓太空人抵達月球表面，還把他們平安送回月球軌道。

位於美國紐約長島貝士佩治（Bethpage）的格魯曼飛機工程公司（Grumman Aircraft Engineering Corporation），以幫美國海軍設計飛機而聞名，他們的飛機可以承受在航空母艦上的硬著陸。格魯曼公司因為這項長專長而贏得合約，發展建造出可以降落在重力只有地球六分之一的陌生天體上的太空船。極輕的登月艙不只必須安全降落，還要能承受太空的真空環境，並讓太空人多次進出。

這艘太空船分為兩部分，分別是上方的返航段（ascent stage）和下方的登陸段（descent stage）。返航段包含加壓的組員艙、設備空間、返航火箭引擎。登陸段則有下降引擎和起落架。登陸後，登陸段會留在月球上，返航段則把組員送回軌道上的指揮艙。

所有的登月艙都有獨特的外觀，每一座基本上都是手工打造。工程師貼上許多層麥拉（Mylar）和凱通（Kapton）膜並加以固定，而且用手弄皺每一層，確保每層之間都有空隙，

對太空船提供更多隔離保護。登月艙還配備了自己的導引和導航、維生、通訊和儀器設備，這些都是把兩名太空人送到月球表面、再回到月球軌道的必要設備。

登月艙 2 號（LM-2，右頁圖）本來預定要執行第二次地球軌道測試飛行。然而，因為 1968 年由 LM-1 執行的第一次軌道測試飛行表現夠好，NASA 選擇改讓 LM-2 在地球上測試。LM-1 已經證明了組員艙的完整性，還有登陸段和返航段發引擎、各段的分離，以及姿態控制推進器。

NASA 主管決定不需要再進行軌道飛行，要利用 LM-2 在休士頓進行墜落測試。工程師讓圖中這艘太空船從不同高度和角度墜落，以測定著陸於固體表面時，對起落架和電路的衝擊。再一次，所有測試都成功。

當時世界博覽會即將在日本大阪舉行，美國館的承辦單位得知 LM-2，想要送這艘太空船參展。當時正值美國因參與越戰而在亞洲深受批判之際，博覽會提供了一個機會，可以呈現國家成就的正面形象。登月艙的展示，加上月球岩石和其他太空相關文物，在整個世界博覽會期間吸引了 1800 萬人次湧入美國館參觀。

媒體經常比較美國館和蘇聯館，就像日本報紙《神戶新聞》的報導，認為美國展示了真實文物，包括 LM-2 的返航段，是「太空競賽的贏家」。文章中敘述：「這畢竟是實物帶來的衝擊。蘇聯也做了太空展示，但只有模型，無法和真實的阿波羅太空船相比。」根據美國政府對這個展覽的評估，雖然 LM-2 不曾真正飛上地球軌道或降落在月球上，但它為了太空飛行而設計的這個事實，卻成為政治上更強而有力的文物。LM-2 加上其他在大

阪展示的阿波羅文物，出現在日本各大報的頭版，取代了越南的報導。

　　在日本的展覽結束後，史密森尼學會重新配置 LM-2，也更接近尼爾‧阿姆斯壯和巴茲‧艾德林登陸月球的登月艙。1970 年，史密森尼的策展人弗列德‧杜藍特（Fred Durant）如此描述這類展覽品的重要性：「像這樣強有力的視覺展示，對於重溫過去太空成就的驕傲，以及提升未來的興趣，是很重要的。」●

# 15 阿波羅 11 號 指揮艙 哥倫比亞號

時間：1969 年
製造者：北 美 航 空 公 司 （North American Aviation, Inc.）
來源：美國加州當尼 （Downey）
材料：鋁合金、不鏽鋼、鈦
尺寸：3.2 × 6.6 公尺
重量：4,145 公斤

**1969 年 7 月 16 日**，阿波羅 11 號太空人在 7 點之前爬進這座指揮艙。當天他們在早上 4 點 15 分準時起床，吃了早餐，在 5:35 著裝。一部有冷氣的箱型車在早上 6 點 27 分把他們載到發射臺。等待發射時，他們在指揮艙中坐了超過兩小時，任務指揮官尼爾·阿姆斯壯緊張地設法讓自己的腿維持不動。雖然和較早的水星和雙子星太空船的組員艙比

起來，哥倫比亞號已經比較寬敞，但在阿姆斯壯旁邊，坐在三張椅子的中間那張的麥可·柯林斯注意到：阿姆斯壯的太空衣左腿上有一個用來放置第一塊月球岩石樣本的大口袋，這個口袋垂掛下來，非常靠近一個 T 字形控制器，萬一要啟動緊急中止程序時，柯林斯就必須使用這個控制器。只要一個簡單的設計疏失，或太空人做出一個不在計畫之中的動作，就有可能危害整個任務，這只是其中一個例子。

　　阿波羅任務太空船由三個部分組成：指揮艙（左頁）、服務艙和登月艙。指揮艙中太空人乘坐的區域大約和一部家用汽車一樣大；圓柱狀的服務艙提供推進、動力、維生系統，以及在後來的任務中，會放置從月球軌道上研究月球的科學儀器。登月艙則載著太空人往返月球表面，和指揮艙一端對接。最後，只有指揮艙能夠安全地重返地球大氣。

　　1961 年，北美航空公司（North American Aviation）搶下合約，開始設

第96頁：在1969年7月的任務期間，阿波羅11號的指揮艙是太空人的生活區。

第98-99頁：哥倫比亞號的主要控制面板，位於太空人座位上方，這是從艙口的角度觀看。

# 「是的，指揮艙107號是我的快樂小天地。」

——麥可‧柯林斯，
阿波羅11號任務太空人

計指揮艙。工程師運用從水星和雙子星計畫習得的知識，更加提升下一代的太空船。雖然指揮艙的主要目的直接了當，就是保護太空人的生命與健康，但工程師仍面對許多技術上的挑戰，尤其是要保持太空船重量輕盈。太空船愈重，就需要愈多燃料才能抵達月球。

工程師幫指揮艙減掉部分重量的方法，包括以創意獨具的方式來削減材料厚度。例如艙壁上安裝的防熱板，他們不用實心金屬，而是用鋁製的蜂巢填充燒蝕樹脂來製作。有些減重方法則是操作上的，例如，與其使用較厚的防熱板來保護太空艙面對太陽的那面，防止太陽輻射，他們使用一行電腦程式，讓太空船從地球前往月球時，緩慢地自動旋轉。

微重力環境讓太空人可以在座位上下自由移動，許多太空人都表示這有助於紓解狹窄空間的侷促感。但也代表從吃東西到上廁所，不管做什麼事都需要花力氣，用上無重力訓練的成果。液態廢物能夠透過一個系統排出到太空，其他所有廢物都必須裝袋、密封，並在整個旅程剩餘的時間儲存在儲物櫃中。

阿姆斯壯和巴茲‧艾德林駕著老鷹號（Eagle）登月艙前往月球表面時，麥可‧柯林斯待在月球軌道上的哥倫比亞號中。他忙著確認導航、拍攝月球表面的照片，也試圖利用指揮艙上的六分儀精確定位老鷹號，不過沒有成功。當柯林斯運行到月球的另一邊時，他和地球及同行太空人之間的通訊會完全切

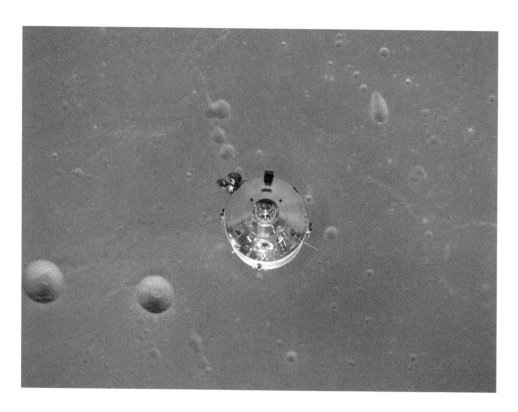

斷。在其中一次這樣的過程中，一名 NASA 的官員說：「從亞當以來，沒有人體驗過像麥可‧柯林斯一樣的孤獨感……」

出發後 28 小時，阿姆斯壯和艾德林完成了第一次登月和月球漫步後，再次與同行組員在哥倫比亞號上會合。沒有了老鷹號、增加了安全存放在儲物櫃中珍貴的月球樣本，哥倫比亞號利用服務艙的推進器脫離月球軌道，返回地球，於 1969 年 7 月 24 日降落在夏威夷附近的海面上。●

# 哥倫比亞號上的
# 塗鴉

在指揮艙狹窄的空間裡，阿波羅 11 號任務的太空人常常需要用到可以寫字的表面來寫筆記，於是他們往往就用太空船本身的牆壁。這些記號、筆記和數字記錄了太空旅行時的工作，以及太空生活的日常細節。

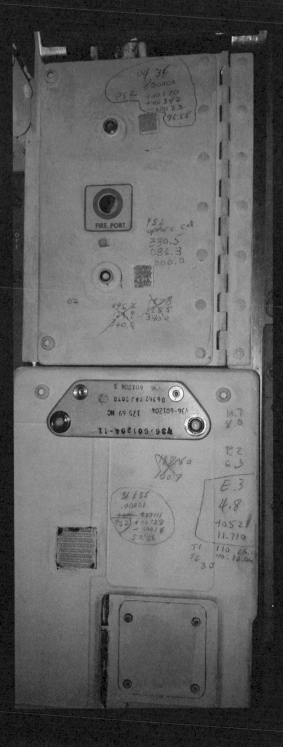

**右：**這一系列數字是月球表面地圖的座標。這是麥可·柯林斯試圖從軌道上定位夥伴的登陸位置時，任務控制中心傳給他的。

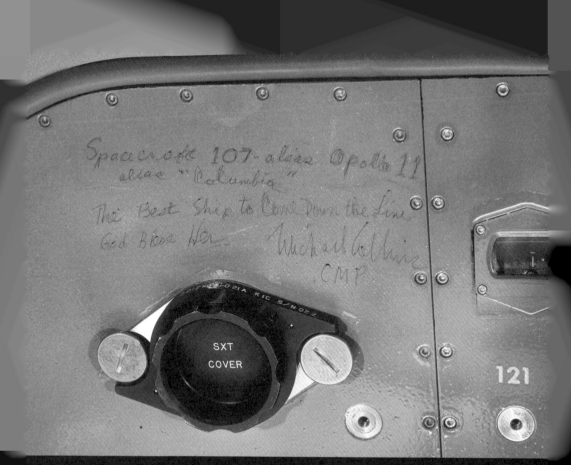

上：麥可・柯林斯登上大黃蜂號之後，又爬回哥倫比亞號，在導航系統上留下這些字句：「107號太空船——別名阿波羅11——別名哥倫比亞。史上生產過最好的太空船。願上帝保佑它。麥可・柯林斯，指揮艙駕駛」

左：組員畫了一個日曆，計算他們的任務還剩多少天。他們在上面貼了一張塑膠膜，或許是為了避免他們在艙內漂浮執勤時不小心把它弄糊了。

# 升空！

第四章

引言

# 「我們
# 升空了！」

1969 年 7 月 16 日，電視實況轉播的倒數計時開始：「⋯⋯六、五、四、三、二、一、零。引擎全部運轉中。發射升空！我們升空了！整點過三十二分鐘，阿波羅 11 號升空！」說話的人是 NASA 公共資訊長約翰・「傑克」・金恩（John "Jack" King）。金恩以「發射控制之聲」為人所知，從 1965 年的雙子星 4 號到 1971 年的阿波羅 15 號任務，每次的載人任務都是由他倒數的。而每一次的任務，金恩喊出的「我們升空了」，都從佛羅里達海岸的卡納維拉角，迴盪到美國和世界的每個角落。

　　1960 年代，可可海灘的人口已經由於 NASA 為卡納維拉角帶來的發展而成長，每到發射前人口更是直線暴增。為了目睹每一次驚人的發射升空，湧入佛羅里達的群眾數以百萬計。單是阿波羅第 11 號任務，估計就有 100 萬人來到這一帶。但阿波羅計畫帶來的衝擊，不限於「太空海岸」（Space

這張1965年甘迺迪角（Cape Kennedy）和周邊環境的地圖，呈現出最右方即將興建的阿波羅計畫設施，以及緊鄰的可可海灘與其他社區。

Coast）的觀光人潮。登月熱潮在 1960 年代晚期與美國社會融合得更廣泛，影響了從流行文化、政治到更大範圍的關於國家目標的辯論等所有層面。

　　從太空紀念品、玩具、發射實況的大受歡迎，到對於太空經費的抗議，阿波羅計畫是 1960 年代美國社會整體的一部分，滲透了那個時代的生活，是文化、政治和變遷中的環境的一個重要面向。●

# 16 阿波羅 11 號
任務徽章

時間：1969 年
製造者：歐文斯－科寧玻璃纖維公司
（Owens-Corning Fiberglass）
來源：美國俄亥俄州托雷多（Toledo）
材料：白色貝他布，上有阿波羅 11 號
任務徽章絹印
尺寸：22.5 平方公分

**阿波羅 11 號指揮艙駕駛麥可・柯林斯**
在設計任務徽章（右頁）時，很清楚其
中可能含有的象徵性意義和歷史重要
性。這個徽章不只會佩掛在阿波羅 11
號任務的飛行衣、救援回收服和夾克
上，還會成為這次任務的「品牌識別」
符號，出現在紀念品、報紙及世界各
地的宣傳用物資上。這個出眾的徽章
描繪的是一隻白頭海鵰，牠不僅是美
國國鳥，也代表了本次任務登月艙的
名字老鷹號（Eagle）。牠的爪子抓著

一個傳統的和平象徵：橄欖枝。

　　從 1960 年代中期開始，NASA
太空人就自己設計任務徽章。第一個
徽章是在 1965 年為雙子星 5 號任務
設計的，繪有一部科內斯托加式篷車
（Conestoga wagon），表現太空探
索的開拓精神。太空人高登・庫柏
（Gordon Cooper）提議加上標語「不
待 8 天就等死」（8 Days or Bust），
呼應傳統西部拓荒口號「不到加州就等
死」（California or Bust），同時強調
任務的時間之長。NASA 否決了標語，
不過核准了其他設計。

　　到了設計阿波羅 11 號的徽章時，
組員決定不要像之前的任務一樣加上
自己的名字。柯林斯後來解釋：「我們
不想露出我們三個人的名字，因為我
們希望這個設計能夠代表為月球登陸
奉獻心力的每個人，有資格放名字上
來的人可能好幾千個。」所以這個設
計會是「象徵性的，而非說明性的。」

　　他們也討論任務編號該如何呈現
在徽章上。柯林斯在第一個版本上，

把 11（eleven）的英文字母拼出來。同行組員尼爾‧阿姆斯壯反對這個設計，指出用數字 11，非英語系國家的人可以更容易了解。而太空人吉姆‧洛維爾提議把美國國鳥白頭海鵰當作主題，放在徽章中央，於是柯林斯翻閱一本國家地理出版的圖書《北美洲的水域、獵物和獵鳥》（Water, Prey, and Game Birds of North America）尋找靈感。他用一張半透明的薄紙描下白頭海鵰的輪廓。柯林斯又在展翅的白頭海鵰下

方加入月球的隕石坑，地球則成為遠方的背景。阿波羅 11 號任務的一位模擬器教練湯姆‧威爾森（Tom Wilson）看到草稿時，建議加入一條橄欖枝，象徵任務的和平本質。柯林斯贊同，就在白頭海鵰的喙上畫了一根橄欖枝。

　　當時的載人太空船中心（Manned Spacecraft Center）主任羅伯特‧吉爾魯斯（Robert Gilruth）否決了這張初稿，要他們把白頭海鵰改成比較不兇狠的模樣。於是柯林斯把橄欖枝從喙

第109頁：貝他布方塊上印著任務徽章，在飛行前，和其他勳章一起縫在太空人的壓力衣上。圖中這塊徽章固定在尼爾·阿姆斯壯太空衣的左胸前。

左頁：麥可·柯林斯描下《北美洲的水域、獵物和獵鳥》一書中的圖，作為阿波羅11號任務徽章中白頭海鵰的模板。

部移到爪子上。雖然NASA官員對這個更動已經滿意了，柯林斯卻覺得白頭海鵰看起來「不太舒服」，說他希望白頭海鵰「在降落之前記得把橄欖枝扔掉。」

徽章上的地球圖像嚴格來說是不正確的。從月球表面看起來，地球的確像是懸掛在黑暗外太空中的藍色彈珠，不過陰影應該落在地球底部，而不是圖中描繪的左側。這個錯誤在柯林斯的第一次提交的稿子上就已經存在，且一直沒有更正。

阿波羅所有任務的成員都與「A-B徽章」（A-B Emblem）合作，設計和製作徽章。這是一家位於北卡羅來納州威佛爾維（Weaverville）的公司，和太空總署的合作始於1961年那個後來被戲稱為「肉丸」的NASA標誌。每次任務的指揮官都要飛到北卡羅來納，和A-B徽章的設計師討論溝通，設計師再用比例尺和放大機，把徽章圖樣放大六倍。下一步是為刺繡時每一針的位置做記號，然後這張圖樣會送入一臺打孔機，布料由機器打好孔後，再送入一臺瑞士刺繡機。然後每塊布質徽章分別裁開，最後再以雙反面針織針法縫起布邊。

月球漫步用的太空衣上的徽章沒有使用刺繡，而是用絹印的方式把圖形印製到防火的貝他布上，再縫上太空衣。NASA徽章和任務徽章從兩側夾著太空人的名牌，位於太空衣的胸口，左肩裝飾著美國國旗。因為NASA的組員與熱系統小組（Crew and Thermal System Division）通常都在接近發射日期時才會送出任務徽章，因此徽章通常是手縫到服裝上的。縫製時使用彎曲的縫針，避免刺穿太空衣的隔熱層。而縫徽章的，又是為此次任務貢獻心力的數以千計無名英雄之一。●

## 背景故事

# 阿波羅
# 任務徽章

為各個單位或計畫設計徽章是一種軍方傳統，在 1960 年代中期被帶入民間太空計畫。NASA 署長詹姆斯·韋伯把設計徽章的責任交付給參與飛行的成員。每一個設計都具有高度象徵性，表現出成員的目標、特定任務，有時甚至加入太空人的幽默感。

**阿波羅 1 號：**艾爾·史蒂文斯（Al Stevens）為 1967 年的任務設計了這個徽章，主題是翱翔於卡納維拉角上方的阿波羅太空船，但這次任務因為系統測試時失火，未能成行。

**阿波羅 7 號：**根據瓦特·康寧漢（Walter Cunningham）所說，他們的原始設計是一艘名叫鳳凰號（Phoenix）的太空船「從火球裡升起」。

**阿波羅 8 號：**出自吉姆·洛維爾的設計，形狀就像指揮艙，也像阿波羅（Apollo）的首字母 A，用 8 字型代表任務編號，同時也代表飛行路徑。

**阿波羅 9 號：**這個徽章表現出阿波羅太空船的三個部分，歡慶登月艙的第一次飛行。其中的字母 D 塗滿紅色，象徵這次發射的代表字母。

**阿波羅 10 號：**這個盾牌狀的徽章，在月球上豎立著羅馬數字的「十」（X），是阿波羅徽章中最後一個帶有風格化太空船形象的設計。

**阿波羅 12 號：**航海主題來自所有成員共有的海軍飛行員背景。三顆星代表三名太空人；第四顆星紀念威廉斯（C. C. Williams），他本來是這次任務的登月艙駕駛，在一次墜機事故中喪生。

**阿波羅 13 號：**這個徽章中的三匹馬拉著太陽，是向太陽神阿波羅的馬車致敬，並有拉丁文格言 Ex Luna, Scientia，意思是「來自月球的知識」。

**阿波羅 14 號：**這個卵形徽章中，太空船是由金質太空人胸針代表，這種胸針只有到過太空的太空人才能配戴，其中包括這次任務的指揮官艾倫·薛帕德，他也是水星 7 號任務中唯一在月球上漫步的人。

**阿波羅 15 號：**為太空人設計這個徽章初稿的人是義大利設計師艾米利歐璞奇（Emilio Pucci），他解釋：「三個在太空中快速飛行的太空船形象，彼此靠近的隊形顯現這次飛行的共同目標和目的。」

**阿波羅 16 號：**任務成員藉由這個徽章象徵團隊工作、愛國情操和月球；16 顆白色星星代表任務編號。

**阿波羅 17 號：**藝術家羅伯特·麥考爾（Robert McCall）以梵蒂岡博物館的希臘神阿波羅雕像來設計這個徽章。

阿波羅1號

阿波羅7號

阿波羅8號

阿波羅9號

阿波羅10號

阿波羅12號

阿波羅13號

阿波羅14號

阿波羅15號

阿波羅16號

阿波羅17號

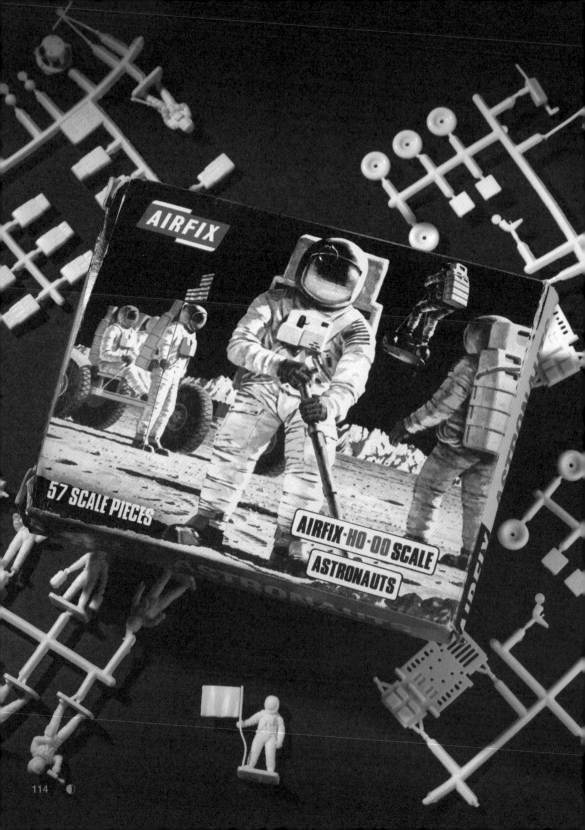

# 17 模型太空人和月面車

時間：約 1970 年
製造者：Airfix 模型公司
來源：英國倫敦
材料：：塑膠
尺寸：太空人高 2.5 公分

**倫敦的 Airfix 公司**在 1969 年製作了阿波羅登月模型組，裡面有 15 個太空人，還有構成月面車和阿波羅任務實驗設備的零件，總共有 57 個零件。從某方面來說，這是不尋常的模型組，因為主體是許多可以獨立把玩的部件，而不是用來組成大型太空船的零件。這種套裝玩具重現了 1950 年代流行的遊戲組，以戰役、時代等不同主題為核心，讓玩家以安排人物進入可玩的場景為遊戲方式。這種遊戲組通常不只以一個建築或一種背景為中心，而是有兩組對立的人物，例如戰爭時敵對的士兵、太空人和外星人，或者牛仔和印第安人。類似的玩具還有一堆小塑膠士兵凝結成各種戰鬥姿勢，在戰後十分流行。

相對於傳統陸軍的綠色，這 15 個奶油色的玩具太空人有七種不同姿勢。太空人背上有個小孔，可以把維生系統的背包固定上去。這些阿波羅太空人的簡化模型雖然不完全精確，但讓兒童和實景模擬者在自己家中，就能重建人類首次登陸月球的情景。

以太空為主題的玩具除了這些模型太空人，還有巴斯光年（Buzz Lightyear）、《星際大戰》角色模型等，都成為史密森尼學會的收藏，因為對於 NASA 各中心和承包商實驗室以外的人來說，這些模型透露出他們與太空探索關係的演進。這些模型和玩具

第114、116-117頁：Airfix模型太空人，拿著旗子、相機，攜帶容器。

右頁：這個空氣清新劑的造型就像月面車，生產於1970年代早期。

反映出太空競賽如何影響大眾的想像。對太空飛行的熱情驅使民眾透過遊戲來表現心目中的太空探索，而且會這樣玩的不只是兒童，也包括成人。

再者，這類玩具容許我們把太空探索想像成阿波羅任務不可能實現的模樣。在月球上從來沒有同時進行過兩項任務，也從來沒有超過兩名穿著太空衣的太空人同時在漫步。但這個模型組容許狂熱玩家讓整個阿波羅計畫一口氣同時發生，讓11次載人任務或十幾個太空人同時降落在月球表面上。

Airfix 成立於 1939 年，之所以有這個名字，主要原因是創始人尼可拉斯·寇夫（Nicolas Kove）希望自己的公司出現在商業名錄中前面的位置。第二次世界大戰之後，Airfix 因為使用射出成型機生產塑膠梳子而建立起名聲。1952 年，公司成立子公司，針對大眾市場生產塑膠比例模型。像這樣的太空人模型組是由英國公司生產，顯示出阿波羅計畫熱衷人士的地理分布之廣泛。

正如 Airfix 的推想，太空飛行玩具不只對美國人有吸引力，對全世界都是。到了 1950 年代後期，太空時代的科幻故事取代了牛仔和西部片，在美國玩具產業所代表的 13 億美元中至少占了一半。兒童手上的六發手槍被雷射槍取代，這些戰後嬰兒潮世代，對於把人送上月球的阿波羅任務充滿懷舊感。1960 年代，隨著嗜好塑膠模型受到歡迎，Airfix 在他們蒸蒸日上的軍用車輛、火車、船舶、汽車以及軍用和民用飛機系列中，加入了太空主題的人物和交通工具模型。●

# 18 美國無線電公司遮陽帽

時間：1972 年
製造者：美國無線電公司（RCA）
來源：美國
材料：紙板、油墨
尺寸：33.3 × 28 公分

**這個行銷機會**是尼克・潘西艾羅（Nick Pensiero）的構想。他是美國無線電公司（Radio Corporation of America, RCA）的公關人員，NASA 和媒體的朋友常稱他為「尼克叔叔」（Uncle Nick）。他了解到阿波羅 11 號任務的升空幾乎可以保證引來前所未有的大量觀眾、把全球的新聞報導聚焦到卡納維拉角。於是他快速採取行動。

在潘西艾羅的指示下，RCA 製作了 3 萬個彩色印刷的紙板遮陽帽，和左頁照片中的版本非常相像。伴隨著任務徽章的，是大字粗體的 RCA 字樣。帽子兩端圈起固定時，中間的縱切線條會形成圓頂狀。尼克叔叔本來希望在記者席和 VIP 席發放這些帽子，但 NASA 不贊成這個構想。然而，根據傳說，有個小孩在潘西艾羅的車子後面找到放有這些遮陽帽的箱子，然後以 1 美元的價格向 VIP 席的觀眾兜售這些遮陽帽。被 NASA 人員阻止販賣後，這些遮陽帽就免費發送。到了發射時間時，觀景臺已經擠滿了戴著彩色 RCA 遮陽帽的觀眾。如同預期，《生活》（LIFE）雜誌的一名攝影師拍下這個場景，作為阿波羅 11 號任務的報導。受到這次成功的刺激，RCA 在接下來的任務都複製了這次的帽子。圖中這個紙板遮陽帽是 RCA 為阿波羅 16 號任務的發射特別製作，發射時間是 1972 年 4 月 16 日正午過後，遮陽帽可以避免陽光直射眼睛。

RCA 和阿波羅計畫之間有長久的歷史。1960 年代早期，NASA 與 RCA 簽約，為阿波羅太空船發展慢速掃描

第120頁：美國無線電公司為了自我宣傳而製作紙板遮陽帽，例如圖中這頂帽子是為阿波羅16號任務的發射而製作。

右頁：群眾在將近5公里遠處觀看阿波羅16號任務的發射。其中有幾個人，包括圖右穿著白色和藍色衣服的兩位，頭上都戴著RCA的白底紙板遮陽帽。

# 「對我而言很清楚的是，美國民眾為阿波羅計畫付了錢，就理應盡可能享有接觸的機會。」

——湯姆・斯塔福德（Tom Stafford），阿波羅任務太空人

的黑白電視攝影機，以及地面基地臺設備，可以把慢速掃描的訊號轉回一般的美國電視格式。太空人第一次測試 RCA 攝影機是在阿波羅 7 號任務，也就是 1968 年 10 月發射的地球軌道任務。在這個成為第一次從太空中進行的實況轉播中，阿波羅 7 號成員展示了無重力狀態的效果，還舉著充滿玩心的牌子，上面寫著各種句子，例如「鄉親們，繼續把那些卡片和字母給我們看」，還有「我們從比任何地方都要高的美妙的

阿波羅客房向各位打招呼」。

多數 NASA 承包商都沒有什麼利潤空間。但像是 RCA 這樣的公司則找到方法運用他們與太空總署的關係，藉著太空人使用他們產品的事實，來銷售自己的工商業產品。他們也因為有可能和最先進的團隊一起工作而吸引新員工。在阿波羅 7 號任務的轉播成功後，RCA 的印刷廣告強調他們與 NASA 的關係。有一個廣告出現在全國性的出版品上，提醒消費者，他們已經在享用 RCA 品牌的電視機：「你看見來自外太空的實況，是透過 RCA 設計研發的阿波羅電視系統。」

RCA 並不是唯一善用自己與阿波羅計畫關係的公司。製造登月艙的格魯曼飛機工程公司（Grumman Aircraft Engineering Corporation）把技術手冊印出來，發送給記者。這本好用的手冊中有載具的統計數據，封面上則印有公司名字。除了確保媒體在報導登月艙時有正確資訊外，記者撰寫報導時，手冊上

公司的名字也在他們腦中占據了最醒目
的位置。

　　圖中的紙板遮陽帽是約翰·畢克斯
（John Bickers）送給史密森尼學會的。
他代表麥克唐納飛機公司（McDonnell
Aircraft Corporation，後來在 1967 年成
為麥克唐納－道格拉斯公司），從雙
子星計畫（Gemini Project）開始就為太

空任務撰寫新聞媒體用的參考書。除了
把他自己註解過的資料書存放在博物館
的資料庫，他還捐出自己和太空飛行有
關的紀念品收藏，這同時也是他自己與
NASA 一起工作的紀念物。對於有幸在
工作上支持阿波羅任務的人和一般大眾
來說，這些紀念品既充滿懷舊情感，又
吸引人收藏。●

# 19 履帶運輸車的履帶

時間：約 1966 年
製造者：美國馬里昂動力鏟公司（Marion Power Shovel Co.）
來源：美國俄亥俄州馬里昂（Marion）
材料：鋼
尺寸：42.28 × 0.63 × 0.45 公尺
重量：907 公斤

**在阿波羅計畫之前的標準作業**，是在發射臺上組裝、測試多級火箭，這樣通常會讓火箭留在戶外，暴露於各種因素下長達幾週或幾個月。為了達成阿波羅計畫充滿雄心的發射時程表，NASA 發展出不在發射臺上建造農神 5 號火箭（Saturn V rockets）的設施，然後再用巨大的履帶運輸車運送到發射臺。這個鋼製的履帶板（shoe，右頁）來自運送阿波羅太空船的運輸車之一的一條履帶；這也是阿波羅太空船前往月球的路

上，速度最慢的一段旅程。

佛羅里達的氣候潮濕，為了避免建造巨大的農神 5 號時可能的風險，NASA 建了非常大的載具組裝大樓（Vehicle Assembly Building，簡稱 VAB）。這個結構的高度超過 150 公尺，底面積超過 3 萬 2000 平方公尺，到目前為止仍是世界排行榜上的巨大建築。它的大小可容納整具農神 5 號火箭在內部組裝和進行評估。工程師還可以在 VAB 中同時維修多具不同太空船的部分，讓太空飛行之間的時間間隔更短、需要的發射臺更少，人員也更少。NASA 人員認為把太空船運到發射臺最安全的方式，是直立搬運。這表示無論採取何種運輸方法，都必須讓超過 90 公尺高、270 萬公斤重、如摩天大樓般的火箭維持平衡將近 5 公里。如果使用鐵軌，會過於昂貴且建造過程太複雜，使用平底船的話作業上又太困難。

NASA 工程師發現了一個解決辦法：比塞洛斯－伊利（Bucyrus-Erie）

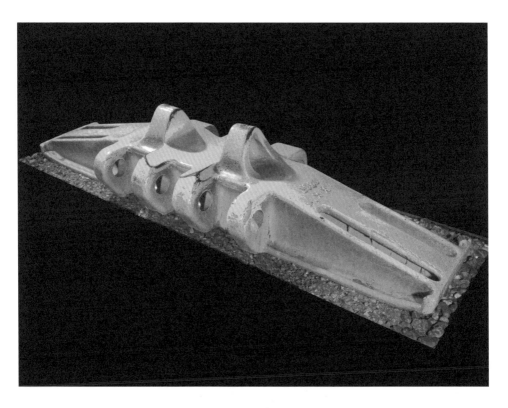

履帶式鏟土機。它本來是開採露天煤礦用的，這種非常強大的工具，利用液壓控制來保持工作臺的水平，即使在最崎嶇的地形也能保持水平。NASA把合約給了位於俄亥俄州馬里昂（Marion）的馬里昂動力鏟公司（Marion Power Shovel Company），訂購了兩臺特製的履帶車。1966年初，兩臺履帶車都準備就緒，可以開始測試。這種履帶車重約2700公噸，長約40公尺。兩具2700匹馬力的柴油引擎發動四條比公車還大的雙軌履帶，每條有57塊履帶

1970年11月9日，阿波羅14號太空船在履帶輸送車上前往39A發射臺，比發射的1971年1月提早了幾個月。

**「不少人質疑像阿波羅農神號這麼大的火箭到底能不能離開這裡，前往發射臺，我就是其中之一。」**

**——羅伯特・希曼斯（Robert Seamans），NASA副署長**

板，每塊履帶板寬 2.28 公尺，重量超過 900 公斤。

履帶車上座落著移動發射臺。這個 27 公尺的平臺上有一個塔，延伸的高度和農神 5 號一樣高，有九個臍索臂。運送過程中，發射臺牢牢固定住火箭，並能夠透過臍索提供燃料和動力。兩部高速電梯可以把技術人員送到工作站，也把太空人送到太空艙。

在發射之前幾天，有一輛履帶車在 VAB 接駁移動運輸車，並沿著履帶車道（crawlerway）前進；這是一條長 5.6 公里，通往 39A 發射臺的特製道路。由駕駛、工程師和觀測員組成的約 30 人團隊，幫助履帶車以低於 1.6 公里的時速前進，每公升燃料前進 3.38 公尺。將近 7 小時之後，履帶車的液壓平臺降低高度，把運輸車放置在發射臺上。

「人站在旁邊時，履帶車看起來很大。」阿波羅 9 號任務運輸小組的指揮者布魯斯．登邁爾（Bruce Dunmeyer）說，「但當你看到履帶車被壓在移動發射臺底下時，又覺得履帶車似乎不可能舉起這麼大的負載。」

圖中的履帶板是履帶車翻新更換下來的許多履帶板之一。不像阿波羅載具的其他部分，這輛履帶車現在仍在甘迺迪太空中心使用。運送農神 5 號的同一部機械，後來也運送太空梭數十年。●

# 20 南方基督教領袖會議的捐獻筒

時間：約 1960 年代
製造者：南方基督教領袖會議
（Southern Christian Leadership Conference）
來源：美國喬治亞州亞特蘭大
（Atlanta）
材料：錫，紙與印刷油墨
尺寸：7.3 × 7.3 × 15 公分

**透過南方基督教領袖會議**（Southern Christian Leadership Conference, SCLC）的安排，在阿波羅 11 號任務升空的前一天，也就是 1969 年 7 月 15 日，500 名示威者來到甘迺迪太空中心。他們之前已經守夜一整晚。15 日早晨，他們一邊橫越 KSC 西側入口附近的廣大原野，一邊唱著〈我們終會得勝〉（We Shall Overcome）。示威者走在兩匹騾子拉的蓬車旁，騾子的綽號分別是吉姆

‧伊斯特蘭（Jim Eastland）和喬治‧華萊士（George Wallace），取自親種族隔離主義的南方政治人物。領頭的人是拉爾夫‧阿伯內西牧師（Reverend Ralph Abernathy, Sr.），他是小馬丁‧路德‧金恩（Martin Luther King, Jr.）遭暗殺之後的 SCLC 領袖。這場示威抗議的目的，是喚起對美國國內貧窮問題的注意。

多數美國人對 SCLC 的印象，是他們一開始反種族隔離的努力。1957 年，羅莎‧帕克斯（Rosa Parks）遭到逮捕、引發阿拉巴馬州蒙哥馬利（Montgomery）的抵制公車運動之後，SCLC 成立，以喬治亞州的亞特蘭大為根據地。SCLC 透過抵制、遊行和和平示威來對抗種族隔離。而隨著 1967 年「窮人運動」（Poor People's Campaign）的建立，他們的關心範圍也擴展，不分種族對抗經濟不平等。很多人或許不記得金恩博士在孟斐斯（Memphis）遇害時，正在支持多種族

# 「如果我們明天不按下那個送人類前往月球的發射鈕，就能解決美國的貧窮問題，那麼我們不會按下那個鈕。」

—— 湯瑪斯・潘恩（Thomas Paine），NASA署長

衛生工作者的罷工。這個捐獻筒（前頁）是 1960 年代為 SCLC 募款用的，現在收藏在史密森尼國立非裔美國人歷史和文化博物館（Smithsonian National Museum of African American History and Culture），筒子上有金恩和阿伯內西的圖像，另一面印著「我捐獻」（I Gave）的字樣。

在甘迺迪太空中心門口，示威者和 NASA 署長湯瑪斯・潘恩（Thomas Paine）會面。潘恩回憶：「我們沒穿外套，站在多雲的天空之下，遠方雷聲作響。」和阿伯內西一起的，有來自 SCLC 窮人運動的 25 個貧困非裔美國人家庭，另有數十家新聞媒體和攝影人員，準備記錄這次的會面。透過麥克風，阿伯內西解釋：「在人類最崇高的冒險前夕，我深深地被這個國家的太空成就所感動。」但是，當時有五分之一美國人缺乏足夠的食物、衣服、醫療照護和居所。阿伯內西繼續說：「我希望 NASA 的科學家、工程師和技術人員能找出方法，用他們的技術來處理我們社會面對的問題。」

潘恩回應：「如果我們明天不按下那個送人類前往月球的發射鈕，就能解決美國的貧窮問題，那麼我們不會按下那個鈕。」潘恩解釋，雖然阿波羅計畫需要當時最尖端的工程技術，但是「和你們所擔憂的、人類無比困難的問題比起來，仍屬兒戲。」他邀請示威者到

VIP 觀眾席觀賞發射，然後補充：「我希望你們能把騾子篷車和我們的火箭拴在一起」，然後「用太空計畫作為馬刺，促使國家大刀闊斧地處理其他領域的問題。」

尼克森總統的顧問彼得‧弗蘭尼根（Peter Flanigan）寫信給潘恩，感謝他「以圓融的技巧處理了微妙的狀況」。他在信末以玩笑的建議作結：「現在你已經解決了前往月球的問題，或許可以來處理這些人類都市中的問題了。」

接下來幾年，NASA 把航太管理技巧和衍生技術應用在都市條件的提升。他們為工程師和都市計畫人員共同舉辦研討會，討論如何把系統管理技巧運用在都市條件中。NASA 研究中心和美國住宅與都市發展部（Department of Housing and Urban Development）合作，並調查如何重新規劃環境系統，來進行廢棄物管理和水質淨化。雖然實際上進展到超過測試階段的計畫不多，太空計畫對於透過不同手段對付地球上的問題是有助益的，例如人造衛星的運用。●

# 飛行途中

第五章 ●●●●●○○○○

# 「看著地球真正的樣子……」

1968 年 12 月 25 日，《紐約時報》的頭版以斗大的字體印著簡潔的標題：「三人繞月飛行」。阿波羅 8 號任務的成員法蘭克・鮑曼、小詹姆斯・洛維爾（James A. Lovell, Jr.）和威廉・安德斯（William A. Anders）成為最早飛到月球的人類。

在旅途中，他們用攝影機捕捉了自己的經驗，與關注這次飛行的全球觀眾分享。在實況轉播和照片中，我們的故鄉地球像是懸掛在漆黑的外太空中；阿波羅 8 號任務的太空人藉此傳達了希望和團結之感。又因為同年小馬丁・路德・金恩（Martin Luther King, Jr.）和羅伯特・甘迺迪（Robert F. Kennedy）遭到暗殺，還有越南的戰火和世界各地的示威，在年尾傳達的這個訊息也變得格外有力。

在斗大標題下方，美國著名詩人阿契波德・麥克利斯（Archibald MacLeish）在報紙的下半部反思這次飛行的意義。他這樣寫著：「看著地球真正的樣子，小巧藍色又

阿波羅8號任務前往月球軌道的途中，太空船和S-IVB火箭分離的概念圖。在後來的任務中，登月艙轉接器（lunar module adapter）的四片面板會打開，露出登月艙。

美麗，漂浮在永恆的寂靜中；我們就像地球上的騎士，一同馳騁在永恆的冰冷之中。在這明亮可愛的地方我們如同手足——如今更加明瞭我們是真正的手足。」

　　阿波羅計畫除了太空飛行上的科技成就，也為身而為人的意義但來更多啟發。從太空飛行對於了解人性的衝擊，到無重力環境的生理和生物醫學效應，月球探索拓展了人類經驗的疆界。●

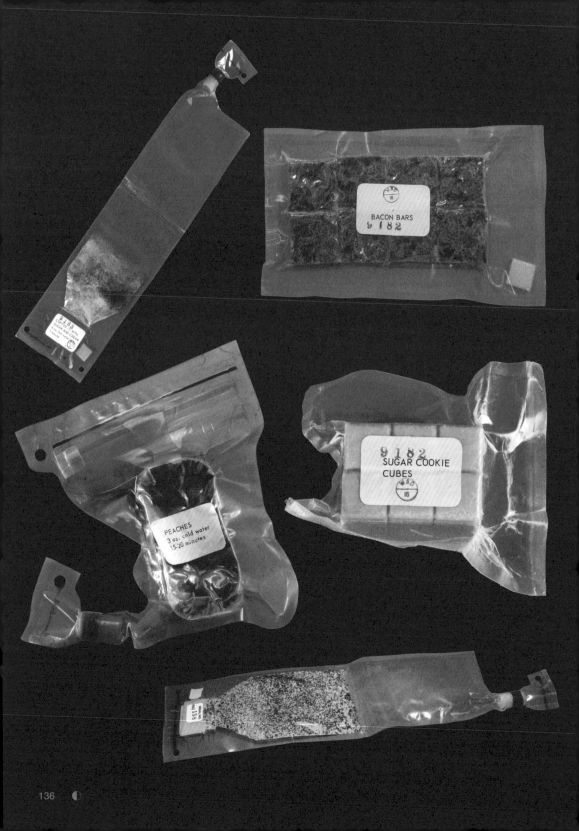

BACON BARS
9182

9182
SUGAR COOKIE
CUBES

PEACHES
3 oz. cold water
15-20 minutes

136 ◗

# 21 月球上的第一餐

時間：1969 年
製造者：惠而浦公司（Whirlpool Corporation）維生部門（Life Support Division）
來源：美國密西根州聖約瑟（St. Joseph）
材料：塑膠、魔鬼氈、紙、保藏食品
尺寸：乾燥包裝：10 × 8.9 × 19 公分；濕包裝：15 × 16.5 × 3.2 公分；飲料：38 × 8.9 × 1.3 公分

**月球上的第一餐**有培根條、桃子、甜餅乾、咖啡，和一種鳳梨葡萄柚飲料。尼爾·阿姆斯壯和巴茲·艾德林在月球表面著陸之後、開始第一次月球漫步之前，就在吃東西。艾德林也利用任務程序之間的短暫休息，進行他的聖餐禮。技術人員為任務的登月部分準備了四份餐。第二餐比較豐盛，內容有燉牛肉、奶油雞湯、椰棗果乾蛋糕、葡萄潘趣飲料，以及柳橙汁。

在美國太空飛行的最初幾年，連人類是否可以在太空中飲食都沒有人敢確定。約翰·葛倫在友誼 7 號飛行中的餐點包括蘋果醬包、麥芽乳錠，以及牛肉蔬菜泥。這不是為了他肚子餓時準備的，而是要了解人體在微重力環境下能不能吞嚥和吸收食物。幸好沒有問題。葛倫開玩笑說，只要漂浮的麵包屑不至於無法控制，或許帶個火腿三明治還比較實際。

幾年後，當約翰·楊和高斯·格里森在雙子星 3 號（Gemini 3）任務中偷偷帶著醃牛肉三明治時，媒體和美國國會要求 NASA 得更注意太空人在口袋裡攜帶什麼東西。雙子星計畫的正規餐點是要實驗食物的保存和還原，而且要足夠可口，不至於讓太空人難以下嚥；但這種食物的設計要提供足夠的營養，且要能避免食物碎屑在太空艙中亂飄這類危險。

和水星計畫、雙子星計畫比起來，

第136頁：阿波羅11號任務成員在月球上的第一餐菜單，從左上方起依順時針方向為：包含糖和奶的咖啡、培根條、甜餅乾、鳳梨葡萄柚飲料，還有桃子。

「咖啡很難喝，但至少是溫熱的，又是熟悉的味道，讓我隱約想起地球上的早晨。」

——麥可・柯林斯，阿波羅11號
指揮艙駕駛

阿波羅任務的食物計畫帶來很大的進步和多樣性。最重要的進展，或許是能夠在太空船中使用熱水。太空人可以用一種水槍，讓密封塑膠包裝中的乾燥食物復水，再以湯匙或包裝上附的吸管來食用。這種新方法的確比較接近地球上的進食方式。

飛行菜單的規劃都曾仔細徵詢太空人的意見。每位太空人要對菜單進行

評估，從 NASA 的營養指南中挑選菜色。典型的每日餐飲包含 2500 到 2800 大卡的熱量、1 公克鈣、半公克磷，以及約 100 公克蛋白質。為了在任務期間保有一些變化，餐點內容以四天為一個循環。餐點包裝上標示著 A、B、C，分別代表早餐、午餐和晚餐。上面也有不同顏色的魔鬼氈，用來標示哪一份餐屬於哪一名太空人：紅色是指揮官，白色是指揮艙駕駛，藍色是登月艙駕駛。

食品技師為阿波羅 11 號任務的菜單增加了幾樣東西：糖果棒和果凍；火腿罐頭、雞肉罐頭和鮪魚沙拉；切達起司抹醬；法蘭克福香腸。他們也引入一種「配膳系統」，讓太空人依據喜好和胃口選擇自己的食物，例如甜點可以選擇香蕉布丁、白脫糖布丁或蘋果醬，還有多種口味的糖果。還有飲料、早餐食品，以及燉雞肉和慢烤牛肉等主菜。太空人即將飛行之前，

約翰·楊在阿波羅16號任務中進行月球漫步時戴在袖口的檢核表。一名工程師在上面畫了太空人對太空裝內的食物條的反應，那是給太空人在月球漫步時當零食吃的長條狀高密度食物。

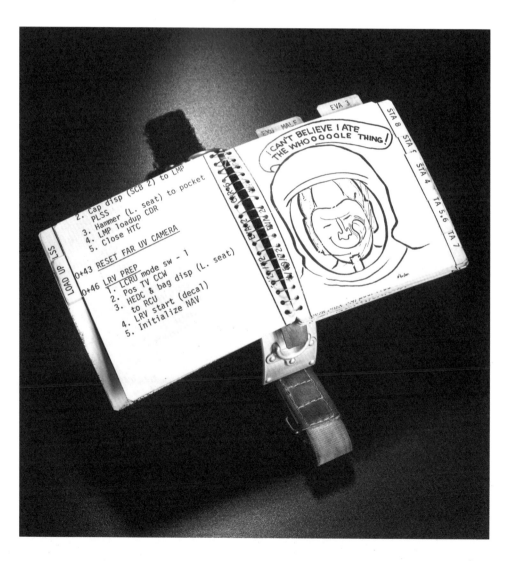

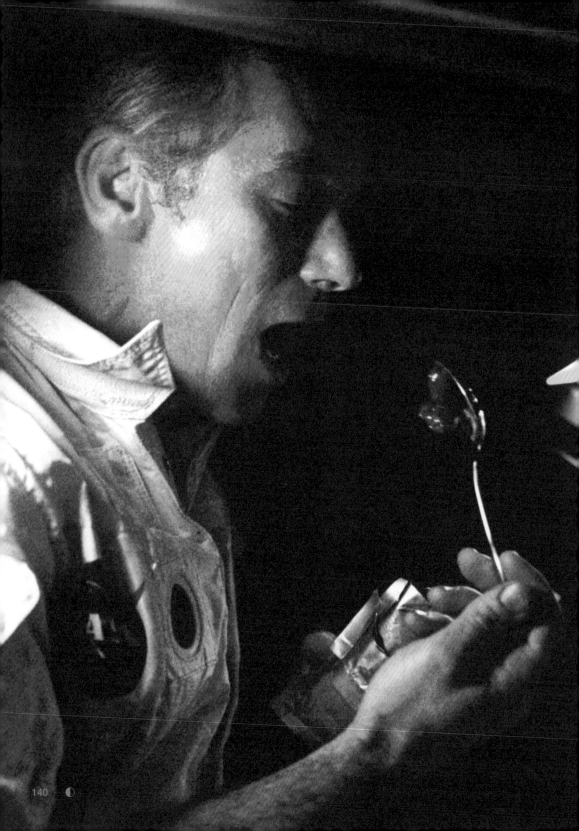

在前往發射臺的路上，每個人會把三明治、培根肉塊和一個可復水飲料放入太空衣的一個口袋中，預防他們在任務的最初八小時中肚子餓。

第136頁的包裝食品是剩下的。這些食物沒被吃掉而在任務之後回到地球，加入史密森尼學會將近500件太空食品的收藏中，告訴我們太空人在任務期間的餐飲偏好。「剩下的很多是速食早餐。」史密森尼學會的策展人珍妮佛・萊維塞爾（Jennifer Levasseur）評估這些收藏時，提出她的觀察，「我覺得這些太空人可能是那種一早起來只喝咖啡的人。」收藏中數量較少的食品，或許也是比較可能被吃掉的食品，代表太空人最喜歡吃的東西：熱狗、義大利麵和肉丸，以及開胃鮮蝦。

一般而言，太空人在太空中傾向吃得比在家裡少。阿波羅12號和13號任務的太空人在任務期間只吃掉分配食物的30%到40%，但並不是因為他們失去胃口。無重力環境導致身體裡的液體循環比較平均，這讓太空人的味覺變得較遲鈍，也因而口味較重的食物比較受到歡迎。再者，糞便存放設備使用起來並不方便，如果能減少使用需求，也不是壞事。

所以，雖然從阿波羅太空船看到的景色或許既壯麗又特殊，但根據太空人的看法，上面的咖啡並沒有特別好喝。●

# 莉塔・拉普，
# 阿波羅飲食系統
# 技術學家

**莉塔・拉普**（Rita M. Rapp）身為阿波羅飲食系統（Apollo Food System）團隊主任，要確保太空人不只在飛行期間獲得充分滋養，也對飲食選擇感到滿意。如同許多為阿波羅計畫貢獻的女性，拉普克服性別的限制，在她的職業生涯中達成許多「第一」。人類首次登月得以實現靠的是許多人的貢獻，拉普就是其中之一，但他們的故事直到不久前還鮮為人知。

拉普在 1928 年出生於美國俄亥俄州的皮夸（Piqua），1950 年在美國代頓大學（University of Dayton）取得科學學士學位，之後於 1953 年在聖路易大學醫學院（Saint Louis University School of Medicine）取得解剖學碩士學位。拉普是最早取得這項學位的女性之一。聖路易大學醫學院從 1949 年開始招收女學生，當年有三名女性入學。最早的女性畢業生在 1952 年獲頒學位，只比拉普早一年。

畢業後，拉普接受了萊特─派特森空軍基地（Wright-Patterson Air Force

Base）航空醫學研究實驗室（Aeromedical Research Laboratory）生理學家的工作，地點在美國俄亥俄州代頓市東方。她在那裡評估高 g 值對人體的影響，特別是對血液和腎臟系統的影響。

1960 年代她換了工作，到 NASA 的太空任務團隊（NASA Space Task Force）研究離心力如何影響水星計畫的太空人。她後來回憶，太空人「會前往航太醫學院（School of Aerospace Medicine）進行年度體檢，然後來見我。他們知道會發生什麼事。他們知道我會每隔四小時在他們身上戳針抽血」。拉普也為早期的太空飛行任務設計最早的彈性訓練器、研發在任務中進行的生物學實驗，也設計雙子星計畫的醫療包。

阿波羅計畫期間，拉普成為阿波羅食品系統（Apollo Food System）團隊的管理人，後來成為主任。他們的目標是改造太空食品，把「方塊和醬包」改良為比較接近地球食物的模樣。團隊和惠而浦公司合作，改良包裝，並因此發明了「勺碗」（spoon bowl），最終發明了加熱殺菌食品，可以從罐頭中食用。拉普也把太空人的飲食偏好納入考慮，她解釋：「我喜歡讓他們吃他們愛吃的東西，因為我希望他們健康又快樂。」

拉普和部門主任暨營養學家馬科姆‧史密斯（Malcolm Smith）一起創造了符合太空人喜好和需求的菜單，也經常發展新的食譜。當登月艙駕駛查理‧杜克（Charlie Duke）要求他的飛行要有碎玉米可吃時，他發現「她試了兩個版本。到我們準備要飛時，已經變得很好吃，所以我把我自己的都吃光了。」拉普也負責太空人來到卡納維拉角直到任務之前的餐飲，許多人也對她烘培了數十個甜餅乾的事津津樂道。拉普持續為太空實驗室和太空梭計畫創新 NASA 的飲食系統，也是超過 20 篇太空醫學技術論文的作者或共同作者。除了太空人本身對她的感謝，拉普也因為她的工作而獲得 NASA 傑出服務獎章（NASA Exceptional Service Medal）。●

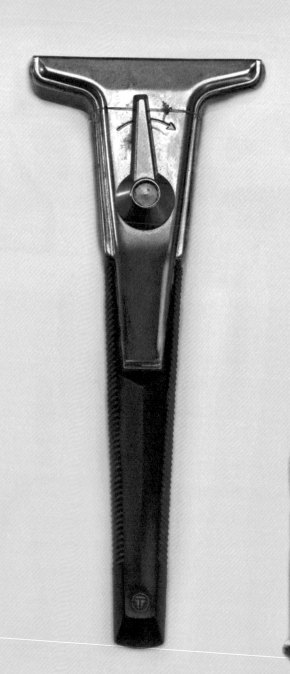

# 22 刮鬍刀和刮鬍膏，阿波羅 11 號

時間：1969 年
製造者：吉列刮鬍刀公司（Gillette razor company）；舒爾頓公司（Shulton Company）
來源：美國麻薩諸塞州波士頓；紐澤西州克利夫頓（Clifton）
材料：塑膠、金屬刀片、金屬軟管和蓋子
尺寸：刮鬍刀：11.4 × 4.7 × 2.5 公分；刮鬍膏：15.5 × 5.6 × 3.2 公分

「**有些事兩天前還很有趣**，例如在無重力狀態下刮鬍子，現在卻令人厭煩……」阿波羅 11 號指揮艙駕駛麥可．柯林斯感嘆道。飛行開始九天後，身處愈來愈臭又髒亂的太空艙中，月球探索似乎失去了某些光彩。「這裡沒有水槽可以洗頭，連洗把臉的水都不夠。」他繼續說，「為了除掉最後幾根鬚」，太空人只能用衛生紙把刮鬍膏從臉上擦掉，然後忍受長時間的搔癢。柯林斯指的，是在太空中用吉列 Techmatic 安全刮鬍刀和「歐仕派」（Old Spice）刮鬍膏（左頁）刮鬍子的經驗。這款刮鬍刀不採用替換刀片，而是在刀頭內藏著捲起來的長而薄的刀片，像一捲底片一樣。刀鈍了就撥一下刀頭的撥桿，就可以推出另一段鋒利的新刀片。

最初的載人太空飛行任務時間很短，只持續幾小時，而非幾天。這麼短暫的飛行沒有必要考慮個人衛生問題，例如刷牙和刮鬍子。但當 NASA 開始計畫較長的任務時，就得面對如何在太空中維護太空人健康的問題。雖然雙子星計畫中有一些任務時間長達幾天，其中一次更長達兩週，但是在狹窄的太空艙裡，除了用濕紙巾清潔身體以外，實在沒有空間做更複雜的事，而且也沒有把水加熱的設備。在為期

第144頁：麥可‧柯林斯在阿波羅11號任務中，使用這支大量生產的吉列Techmatic安全刮鬍刀和歐仕派無刷刮鬍膏。Techmatic的刀頭中捲著長條狀的刀片，撥動旋鈕，可以提供新的銳利刀片。

兩週的雙子星 7 號任務之後，太空人法蘭克‧鮑曼取笑他沒刮鬍子的太空人同事吉姆‧洛維爾，說他看起來像「爛醉了一週的懶鬼」。

在來回月球的旅程中，刮鬍子和其他小習慣雖然幫助太空人維持舒適和清潔感，卻也與 1960 年代晚期美國的反文化運動形成鮮明對比。當時標榜著長髮、不刮鬍子，作為反主流政治和文化的象徵。NASA 署長湯瑪斯‧潘恩所謂的「使用電腦和計算尺的老實人的勝利」，和某些反文化人士發生衝突，他們批判阿波羅計畫是主流體制的一部分。

對於反文化的反叛精神來說，是否梳洗的選擇變得非常政治化而具象徵性，甚至 1968 年一齣觸及這些議題、大受歡迎的百老匯歌舞劇，就直接了當的取名為《毛髮》（Hair）。這把小刮鬍刀和刮鬍膏提醒我們，梳洗有時不只是造型上的偏好。在 1960 年代，

對於受過軍事訓練的太空人團隊來說，臉上的毛髮不只不雅觀，也違反規範和期待。

任務計畫者雖然也想要讓太空人感覺舒適，但他們擔心微重力狀態中原有的碎屑飄浮問題，會因為飛散的毛髮和水珠變得更嚴重。同時，在阿波羅 1 號任務悲劇之後，NASA 試圖排除座艙中所有可能燃燒的物品。工程師嘗試研發附有真空吸塵器的電動刮鬍刀，可以把太空人刮鬍子時產生的碎屑收集起來，但沒有成功。華利‧舒拉記得有人建議過，阿波羅太空人在執行任務前要把全身上下的毛髮剃光。他的反應是，反正無論如何毛都會再長回來，「如果任務的危險之處在於毛髮，那我乾脆不要駕駛太空船算了。」

1968 年 12 月，在阿波羅 8 號任務之前，法蘭克‧鮑曼要求：在回收直升機中，要為他準備一支電動刮鬍刀。然而，到了 1969 年 5 月的阿波羅 10

阿波羅17號任務中，哈里森·「傑克」·施密特（Harrison "Jack" Schmitt）在指揮艙「美利堅號」（America）中剃鬍髭。

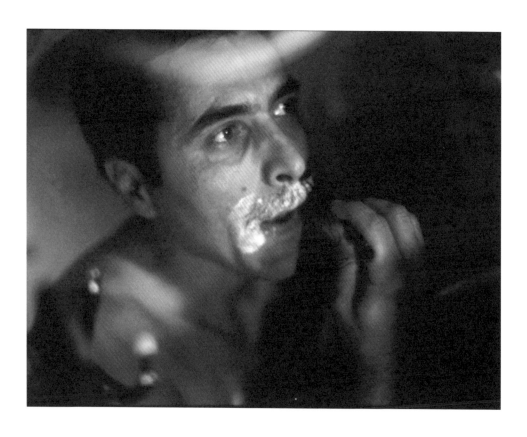

號任務時，已經從經驗得知太空艙內的吸氣口會吸入微小物質，而泡沫和其他有黏性的物質在微重力中會保持原有的形狀。這讓後來的太空人可以把每日使用的安全刮鬍刀和刮鬍膏帶上太空船。雖然無法沖洗的刀片容易黏附鬍渣和刮鬍膏，要刮鬍子還是辦得到的——就算不一定舒適愉快。●

# 23 集尿與轉移組件，阿波羅 11 號

時間：1960 年代晚期
製造者：惠而浦公司（Whirlpool Corporation）
來源：美國密西根州聖約瑟（St. Joseph）
材料：氯丁橡膠（neoprene）尼龍布、天然橡膠、魔鬼氈、合成纖維、鋼、鋁、鬆緊帶
尺寸：24 × 1.9 × 78.7 公分

「每個人都有自己在月球上的『第一』。」阿波羅 11 號任務太空人巴茲‧艾德林回想。尼爾‧阿姆斯壯擁有踏上月球的第一步，艾德林則擁有「第一個在月球上尿尿的人」的地位。艾德林在一次訪談中調皮地說：「關於這點，還沒有人來跟我爭。」對艾德林而言，不幸的是當他從登月艙梯子

的最下一階跨大步跳到月球表面時，尿液收集裝置（urine collection device, UCD）的袋子破掉。他行走時左靴裡滿是液體。接下來艾德林在月球表面的每一步都濕答答的。

巴茲‧艾德林在月球上發生的閃失，並不是唯一一次太空人與尿液一起泡在太空衣裡的倒楣事故。NASA 曾在一份生物醫學報告中提出如下的保守觀察：「從載人太空任務一開始，排遺和排尿就是太空旅行中令人困擾的面向。」

1961 年 5 月 5 日，自由 7 號在發射前必須更換一個變流器；艾倫‧薛帕德坐在太空船中等待時面臨一個兩難的局面：他想要尿尿，但被綁在椅子上。薛帕德後來描述這件事：「我們在飛行中使用的尿液收集裝置，在無重力狀態下運作很順利，但當你兩腳朝天半躺，就像在紅石號火箭中時，實在無法使用。」

薛帕德當時問他的太空人隊友戈

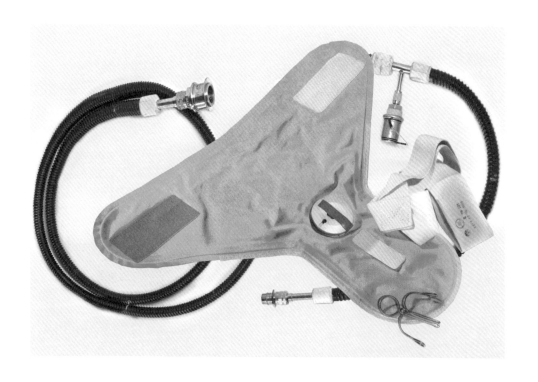

高登·「高多」·庫柏（Gordon "Gordo" Cooper），也就是他的太空艙通訊員，他能不能離開太空艙去上個廁所。「高多回來……我猜他們在外面有過一些討論，最後終於回來，說：『不行……馮·布朗說太空人必須待在鼻錐裡。』（帶著德國腔）」然而停留在發射臺上的時間本來預定為五小時，後來卻延長到八小時。他主動提議乾脆直接尿出來算了，NASA 工程師卻擔心那會導致他的生物感測器短路。但在薛帕德的要求下，他們暫時關閉

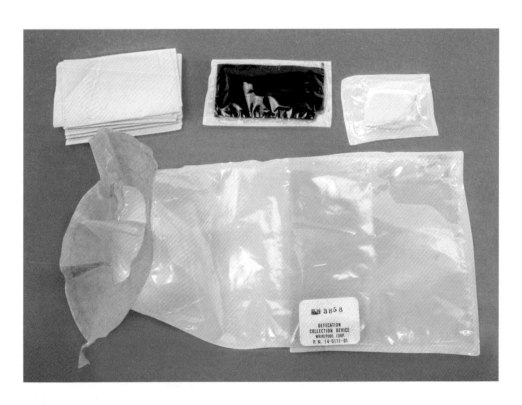

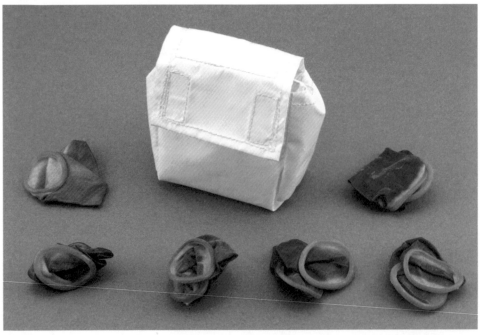

生物感測器。於是薛帕德還是就地解放了，液體很快被棉質內衣褲吸飽。幸好，太空艙中的純氧環境讓他在升空前就已經全乾。

雖然薛帕德的臨機應變最後對水星計畫短暫的 15 分鐘飛行沒有影響，但在時間更長的任務和艙外活動時，太空人顯然需要更好的系統。在後來的水星任務中，太空人使用橡膠管連到一個軟袋子，再透過唧筒注射器製造壓力，把尿液抽進袋子裡。但這個 UCD 系統會漏水，所以工程師繼續尋求更好的設計。

獲准在阿波羅計畫艙外活動中採用的集尿系統，很類似水星及雙子星計畫使用的 UCD：都有橡膠護套、繫在臀部的 Y 字形儲尿袋，還有一個備有「糞密封系統」的尿布。

太空人在太空船上處理人體廢棄物的方法，是使用一個接有一條管子的筒子，管子再接到尿液傾卸口。裝置上有個小開口，製造壓力差，因而產生吸力，讓太空人尿尿時的感覺和地球上較相似。從科學任務的角度來說，並不意外的是，有一部分的尿液被冷凍乾燥、送回地球，進行徹底檢驗。

UCD 的護套讓一件事不證自明：阿波羅任務所有的太空人都是男性。女性是被排除在阿波羅太空人團隊之外的，這項文物是個強大的視覺提醒。雖然在 1960 年代早期有一項私人的醫學調查，對一些美國女性是否適合成為太空人候選人進行評估，而蘇聯在 1963 年把瓦倫蒂娜‧泰勒斯可娃（Valentina Tereshkova）送上太空；但還要再過 20 年，莎莉‧萊德（Sally Ride）才成為美國第一位女性太空人。●

# 24 機上訓練器 EXER-GENIE®，阿波羅 11 號

時間：阿波羅 11 號任務期間飛行
製造者：EXER-GENIE 公司
來源：美國加州福勒頓（Fullerton）
材料：帶子：聚酯纖維織帶；把手：鋁
尺寸：126 × 4.5 公分

**阿波羅任務**往返月球的時間超過一週。即使在這麼短的期間，太空人的肌肉張力、肌肉量和骨質密度仍會流失。為了對抗太空飛行帶來的生理退化效應，NASA 的工程師想到運用 Exer-Genie（右頁）。

最早的太空飛行任務很短，觀察不到太空人在無重力中有任何嚴重的生理影響。舉例來說，1962 年約翰·葛倫在友誼 7 號的軌道任務，時間還不到五小時。為了時間較長的月球

任務，NASA 在雙子星計畫（Gemini Program）中加入了醫學測試。其中時間最長的是 1965 年 12 月的雙子星 7 號任務飛行，給了 NASA 飛行醫生一個機會，從太空人吉姆·洛維爾和法蘭克·鮑曼 14 天的排泄物中，測量鈣質的流失。這個實驗和其他雙子星任務中進行的醫學評估，決定了太空人可以平安飛行到月球。

為了阿波羅計畫，NASA 向加州福勒頓（Fullerton）的 Exer-Genie 公司購買了一種可控制阻力裝置，這個 1961 年發展的現成商品輕便又小巧，符合工程師想要的條件。這個訓練器是一個金屬管，內有一個繞著尼龍繩的鋁製筒子，太空人可調整它的強度，在太空中進行多達一百項不同的訓練。他們把頂端的兩條帶子固定在指揮艙牆上，設定阻力大小，然後用底部的帶子，以各種不同角度和位置來拉曳和伸展。

阿波羅 7 號任務的成員華特·舒拉、唐恩·艾塞爾（Donn Eisele）和瓦特·

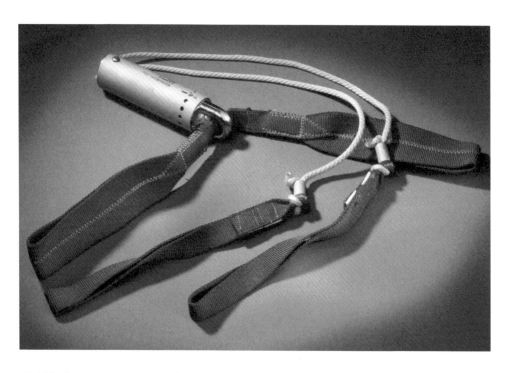

康寧漢（Walter Cunningham）是首先在太空中測試 Exer-Genie 的太空人。阿波羅計畫的指揮艙相對寬敞，因此太空人比在水星計畫和雙子星計畫的狹窄太空艙中更能伸展身體。阿波羅 7 號的太空人發現，因為蜷起身體睡覺導致的背部和腹部疼痛，可以透過使用這個器材而得到舒緩。

圖中這具 Exer-Genie 在阿波羅 11號指揮艙裡一起升空。阿波羅太空人阿姆斯壯在前往月球途中使用之後，認為它「堪用」──不算是很炫目的評價。雖然 NASA 指示阿姆斯壯和其他太空人用它訓練 15 到 30 分鐘，每天數次，

下圖：喬・加里諾（JOE GARINO）是太空人體能調理主任，也是許多太空人的體能訓練教練，正在示範如何使用這具機上訓練器。

右頁：EXER-GENIE的說明書內頁，顯示可以透過這個器材進行的多種運動。

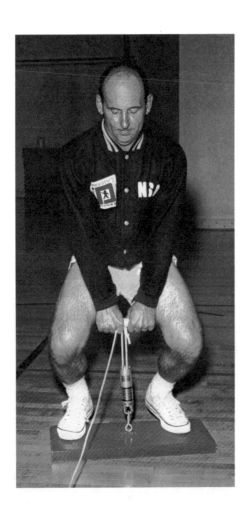

阿波羅 16 號的指揮艙駕駛肯・馬丁利（Ken Mattingly）認為太空人有比把器材掛起來和拉阻力帶更重要的任務。他的論點是收納太空衣會用上更多肌肉力量，也是更加善用他時間的方法。

雖然這些運動可幫助防止部分骨質和肌肉流失，太空人還有其他的健康危險要面對：在前往月球的路上，宇宙射線會持續傷害太空人；而因為在無重力環境中心臟輸送血液比較輕鬆，心臟也會因此變弱；有的人還發生輕微的視力受損。雖然阿波羅太空人在返回地球後不久，太空飛行的影響都大致恢復，但更長時間的外太空旅行所帶來的生物醫學威脅，在今天的 NASA 工程師規劃未來的星際旅行時，仍然帶來艱鉅的挑戰。●

## HORIZONTAL PRESS

Resistance: 15-30 lbs.  Repetitions: 3
Time: 22 seconds  Total Time: 1:06

Excellent exercise for increased
strength and endurance in the upper
arms and shoulder and building up the
large pectoral muscles of the chest.
Follow ISOMETRIC/TOTAL ISOKIN-
ETIC technique page 17, but move trail
rope over handle and control with in-
dex finger of one hand.

Figure 80

Figure 79

Figure 81

## SIT UP

Resistance: As indicated be-
low  Repetitions: 3  Time: 22
seconds  Total Time: 1:06

Increases strength and endurance in
the abdominals and lower back. Follow
ISOMETRIC/ISOTONIC technique,
page 17, but revise to release trail rope
after Static Contraction phase. NOTE:
Set resistance so that 12 seconds is re-
quired to move through the range of
motion shown.

DO NOT PERFORM THIS EXERCISE
UNTIL YOU HAVE THE
STRENGTHENED ABDOMINAL
MUSCLES AND WAIST AREA
THROUGH THE ADVANCED PRO-
GRAM . . . i.e. FORWARD BEND AND
SIDE BEND.

Figure 83

Figure 82

Figure 84

42

43

## SIDE BEND (MUSCLE ISOLATION)

Resistance: 15 lbs.  Repetitions: 3
(each side)  Time: 22 seconds  Total
Time: 2:12

This is an alternate exercise to the
SIDE BEND described in the Advan-
ced Program. The muscles on one side
are isolated and then exercised three
times before proceeding to the other
side.  Use the ISOMETRIC/TOTAL
ISOKINETIC technique, page 17.
After the 10-second ISOMETRIC con-
traction, begin the TOTAL ISOKIN-
ETIC motion by pulling the torso erect
with the muscles of the waist. Do not
bend elbow. Keep it straight through
the exercise. Repeat the procedure
three times, then turn around on the
floor piece and work the other side in
the same manner.

Figure 86

Figure 87

Figure 85

## SUPPLEMENTAL EXERCISE

The Advanced Apollo Program
outlined on the preceding pages in-
cludes all the necessary exercises
which the average individual needs to
use to get into shape and maintain an
excellent fitness level. However, you
can use the APOLLO EXERCISER
and AEROKINETIC EXERCISE to
isolate and exercise almost every mus-
cle group in the body. Illustrated on
the following pages are a group of sup-
plemental exercises which will allow
you to expand and vary your program.
By maintaining the Advanced Program
you can add these other exercises to
work on specific areas of the body to
help develop a more pleasing physical
profile, and to further increase your
strength, endurance and flexibility.

## BICEPS CURL

Resistance: As indicated
below  Repetitions: 3  Time: 1:06
seconds  Total Time: 1:06

Increases strength and endurance in
upper arm. Enlarges biceps. Use the
ISOMETRIC/ISOTONIC, page 17, but
revise to release trail rope at the end of
Static Contraction phase.

*Resistance should be set so that 12
seconds is required to move through
the range of motion shown.

Figure 77

Figure 76

Figure 75

44

41

## HAMSTRING STRETCH

Resistance: 6-8 lbs.  Repetitions: 3
(each leg)  Time: 22 seconds  Total
Time: 2:12

Helps to stretch and lengthen the
muscles in the back of the upper thigh
to increase flexibility and lessen the
danger of a muscle pull in this area.
Follow ISOMETRIC/TOTAL ISOKIN-
ETIC technique, page 17, but revise to
control trail rope with thumb and in-
dex finger of one hand or use opposite
leg to control resistance. Alternate
legs.

Figure 91

Figure 90

Figure 92

## AEROKINETIC RUN* (Leg muscles, Heart, Lungs, Arteries)

Resistance: As indicated  Repeti-
tions: 3  Time: 90 seconds

This exercise adds another dimen-
sion to the AEROBIC principle of exer-
cise. It applies resistance to the walk-
ing and running motions of the body,
helping to increase the heart rate in a
matter of a few seconds and maintain-
ing it over the entire period of the
exercise. When the running phase is
implemented, one should experience a
Target Heart Rate according to their
age as indicated on page 75, recom-
mended for effective aerobic exercise.
In addition, this exercise develops
strength and endurance in the leg
muscles; another dangerous area of
weakness among sedentary in-
dividuals.

1. Anchor exerciser in door waist high.
Pull rope through until one handle is
about one inch from the bottom of
the exerciser and secure harness as
indicated on page 11 (Figures
#10-10A & 11-11A).
2. Set resistance so that running action
described in paragraph #3 takes 90
seconds to move rope through the
unit.
3. Turn and run out at half speed, using
high knee action, pumping arms
(Figure #75).
4. If you reach the end of the rope in
less than 90 seconds, adjust
resistance upward. When you reach
the end of the line, unocouple harness
and set up on the other handle.
Repeat a total of 3 repetitions.

Figure 76

*If it has been some time since you
have done any continuous running,
prepare by first following through the
AEROKINETIC Walk, Shuffle, Run in
the Beginning Program on page 27.

46

39

# 25 哈蘇相機，
   阿波羅 17 號

時間：1968 年
製造者：哈蘇（Hasselblad）
來源：瑞典哥特堡（Gothenburg）
材料：鋁、塑膠、玻璃、魔鬼氈
尺寸：9.3 × 15 × 48.5 公分

**阿波羅 17 號任務**開始後只過了五小時，在地質學家哈里森‧施密特旁白的一連串敘述中，這臺相機（右頁）捕捉到史上第一張毫無遮擋的地球照片。這張地球全貌的照片常被稱為「藍色彈珠」，成為一種象徵，鼓勵我們以嶄新的角度，看待黑暗而空蕩的太空中這顆脆弱的球體。

在 11 次阿波羅任務中，太空人使用瑞典備受推崇的哈蘇（Hasselblad）高品質相機，共拍下 1 萬 8000 張照片。

這要感謝 1963 年時，太空人華利‧舒拉在他的水星任務飛行前的偶然建議。這家非美國廠商為 NASA 的月球任務提供了如此「看得見」的貢獻，使得 20 世紀意義最深遠、令人印象最深刻的照片，與 NASA 和哈蘇同時連結起來。

到阿波羅 17 號任務時，太空計畫對哈蘇的依賴也已加深，靠哈蘇提供更便利、堅固、可靠，也更容易因應太空環境加以調整的器材。哈蘇透過位於美國紐澤西州林登（Linden）唯一正式認證的經銷和維修公司派拉德（Paillard, Inc.），全力支持 NASA。由於太空船和月球環境的特殊條件，哈蘇 500EL 相機需要適當改造，包括移除不需要的零件、採用能適應低溫的潤滑劑，而為了穿著太空衣手套時方便操作，也增加了一些按鍵。

為了阿波羅任務，相機增加了一個利用電池操作的附件，可以為底

片電動上片,並記錄額外的資料。這批相機稱為「哈蘇電子資料相機」(Hasselblad Electronic Data Camera, HEDC),隨著太空人抵達月球表面,有時甚至一同返回地球。過去一直以為這些相機都遺留在太空,然而最近NASA 的研究和其他歷史記錄顯示,有四臺月球哈蘇(辨別方法是漆成銀色的鋁製機身)返回地球。不過上圖的相機是僅供指揮艙使用的機型,有簡單的黑色鋁製機身、鏡頭、數據包和片匣。

阿波羅太空人的照片所訴說的視覺故事,促使我們反思自己和太空

這張照片的正式編號是NASA 22727，是在阿波羅17號任務前往月球的途中拍攝的，成了後來為人所知的〈藍色彈珠〉。這張難得完全沒有遮蔽的地球照片，後來成為世界一體的代表形象，激發了環境意識。

探索以及與地球的關係。〈藍色彈珠〉和阿波羅8號任務的〈地出〉（Earthrise）雖然都是回頭看向地球，卻象徵完全不同的觀點。在阿波羅8號任務，我們克服種種挑戰、前進月球，而標誌性的〈藍色彈珠〉則成為環境運動的旗幟。這張照片激勵人探索自己的家鄉、為了世世代代而保護地球。NASA舉重若輕地為關心地球環境的地球公民提供了他們需要的證據，讓人類更加意識到自己對地球帶來的衝擊。

詩人阿契波德·麥克利斯寫下一篇短文，刊登於《紐約時報》的頭版，精準地指出太空中觀看地球的力量。「看著地球的真正面貌，小巧藍色又美麗，漂浮於永恆的寂靜中；我們就像地球上的騎士，一同馳騁於永恆的冰冷之中。在這明亮可愛的地方我們如同手足——如今更加明瞭我們是真正的手足。」

「我們過去只透過畫家的畫作、詩人的文字或哲學家的心智來看見自己。現在我們已經上太空了，可以自己親眼去看。」

——尤金·塞爾南，阿波羅17號指揮官

相機是把這些視覺形象帶回地球的工具，也是太空人捕捉、分享他們經驗的重要途徑。今天的博物館則透過這些相機，述說這段創造出阿波羅視覺遺產的歷史。●

# 月球漫步

引言

# 「天堂
已成了人間的
一部分……」

1969 年 7 月 20 日晚間 11 點 49 分，美國總統理查・尼克森打了一通他認為是「從白宮打出去的最具歷史性的電話」。從橢圓形辦公室，尼克森恭賀站在月球表面的太空人尼爾・阿姆斯壯和巴茲・艾德林：「由於你們的作為，現在天堂已成了人間的一部分……這是人類整個歷史中無價的片刻，地球上的所有人真正成為一體。」

正如尼克森話中所透露的，阿波羅 11 號太空人在兩個方面上拓展了人類經驗的尺度：他們在另一個天體降落，而關心這趟飛行的人數遠超過過去歷史上任一次事件。估計透過電視觀看阿姆斯壯在月球上踏出第一步的人數有 6 億 5000 萬人。這是史上第一次全球實況轉播，讓每塊大陸上的人同步觀看這次任務。還有數以百萬計的人收聽廣播，或是在報紙上閱讀這次任務的報導。

人類在月球上的第一步，在更廣的地緣政治脈絡中產生效應。阿波羅計畫不只是科學計畫或單純的美國成就。登陸月球觸動了全世界數十億人的生命。●

這張地圖描繪了六次阿波羅登月任務的降落位置，以及月球正面的主要區域，這些區域稱為「mare」，是拉丁文「海」的意思。

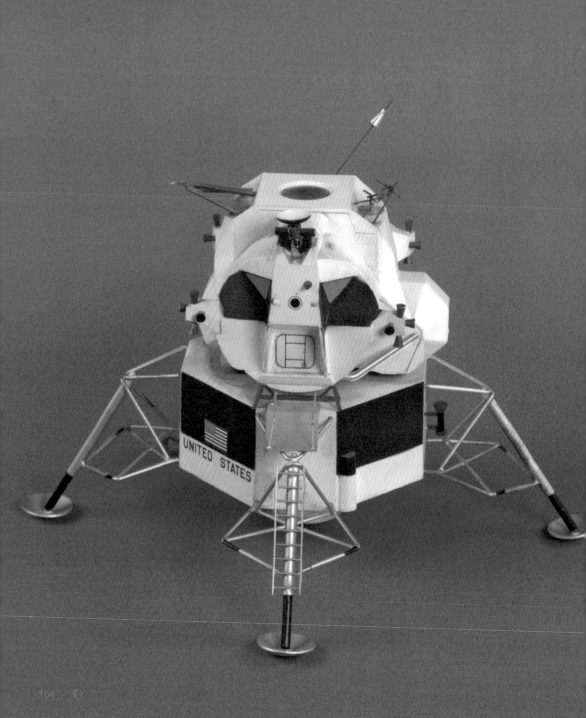

# 26 華特·克隆凱的登月艙模型

時間：1969 年
製造者：一般認為是「精準模型」
（Precise Models）
來源：美國伊利諾州劍橋（Cambridge）
材料：塑膠、顏料、鋁、黏膠
尺寸：19 × 20.3 × 19 公分

**1969 年 7 月，**94% 的美國家庭把電視轉到阿波羅 11 號的報導。在這 5300 萬戶人家之中，大多數（包括美國白宮的電視機）把頻道轉到哥倫比亞廣播公司（CBS）電視臺，觀看「美國最受信任的人物」華特·克隆凱（Walter Cronkite）的播報。當農神 5 號火箭從卡納維拉角升空時，一向沉著的克隆凱忘情喊出「走，寶貝，走啊！」在 CBS 接下來連續 32 小時的報導中，克隆凱出現了 27 個小時，詳細報導阿波羅 11

號任務的每個階段。由於飛行的多數時候是攝影機拍不到的狀態，克隆凱使用一具縮小模型（左頁）來解釋任務的各個不同階段。

1958 年，艾森豪政府決定讓 NASA 成為民間太空機構，實行媒體公開政策，不僅對當時的媒體生態造成重大影響，也大大加深了公眾對太空飛行的體認。從一開始，NASA 就歡迎記者採訪發射現場，會召開記者會，也分發資料給新聞機構。到了報導阿波羅 11 號任務時，CBS 和當時另兩家電視網國家廣播公司（NBC）和美國廣播公司（ABC）認為，這會是 20 世紀最有新聞價值的事件之一，花了許多個月的時間、耗費許多資源，規劃他們的報導節目。在 CBS，製作人準備了 140 段獨立的預錄片段，主題廣泛，包括太空人成員的生平、前總統林登·詹森（Lyndon B. Johnson）的訪談等。各領域的專家和資深記者在世界各地待命，於播報途中參與評論。CBS 參與阿波羅 11 號任

第164頁：這個模型和其他類似的模型，是製造真正的登月艙的格魯曼公司委託製造。

「我必須從零開始，因為我沒有工程背景，更不用說科學了……我拿來NASA的手冊和書惡補了一番，用功得不得了。」

——華特·克隆凱，
CBS晚間新聞主播

務報導的人數超過千人。節目的核心是克隆凱的主持播報，同臺登場的還有退休的阿波羅7號太空人華特·舒拉，以及科幻作家亞瑟·克拉克（Arthur C. Clarke）。

克隆凱從1962年起擔任CBS晚間新聞的主播，報導過那十年間所有的重要新聞，包括總統約翰·甘迺迪的暗殺和越南戰爭。他那如同家中長輩的柔和嗓音和冷靜的播報風格，很快就為全國所熟悉。克隆凱在他的電視職業生涯之前，曾在少年時期販賣報紙，進入德州大學學習新聞，後來成為最早在第二次世界大戰前線報導的特派員。1950年，知名記者愛德華·默羅（Edward R. Murrow）把他招攬進CBS。克隆凱本來就是個太空迷，多年間與美國觀眾分享太空飛行的樂趣與知識。

儘管克隆凱事先做了許多充分的準備，當老鷹號登月艙在月球表面著陸時，他還是只能喊出：「好傢伙！」然後因為想不出該說什麼，直接請舒拉發表意見。不過他很快就恢復常態，捉住這個時刻的非凡重要性：「太了不起了！發生在38萬公里外的月球上的事，我們現在正在看著。」

克隆凱在報導中用的是商業生產的模型，最有可能是精準模型公司（Precise Models）的產品。登月艙承包

華特・克隆凱使用一個登月艙模型，向CBS的電視觀眾解釋登陸月球的過程。

商格魯曼（Grumman）公司發給媒體、政要和貴賓的模型也是類似的東西。這個模型也在格魯曼公司的商店以 29.95 美元的價格販售。播報之後，CBS 新聞的助理製作人華特・利斯特（Walter Lister）「把這個模型搶救下來，給他女兒和她的同學看」，最終在 2009 年把模型捐給史密森尼學會。雖然史密森尼學會已經有類似收藏，但是策展人得知這個模型的歷史後，很興奮地把克隆凱使用過的模型納入收藏。●

# 27 資料擷取攝影機，阿波羅11號

時間：約 1968 年
製造者：相機：J. A. Maurer, Inc.；10
毫米鏡頭：Kern and Co.
來源：相機：美國紐約長島市；10 毫
米鏡頭：瑞士亞牢（Aarau）
材料：鋁、鋼、塑膠、玻璃
尺寸：21 × 5.8 × 9.1 公分

**阿波羅 11 號任務飛行時間**進行到
102:31:04 時，巴茲‧艾德林按下
這臺 16 毫米資料擷取攝影機（data
acquisition camera, DAC）的黑色平面
按鈕，開始錄下第一次月球登陸。艾德
林把攝影機安裝在登月艙老鷹號內的托
架上，透過他的三角形窗戶拍攝外面的
景色。這部攝影機大約從登月艙著陸前
15 分鐘開始記錄老鷹號的降落。尼爾
‧阿姆斯壯問艾德林：「攝影機有在運

轉嗎？」艾德林回答：「攝影機正在運
轉。」阿姆斯壯回覆道：「好，五秒後
開始覆寫。啟動下降。」

NASA 從雙子星計畫期間開始使
用毛瑞爾（Maurer）16 毫米連續攝影
機。這部型號 308 的攝影機是根據在
雙子星任務中的表現微幅修改而成。
相機的開發兼製造商毛瑞爾公司（J. A.
Maurer, Inc.）在第二次世界大戰時生
產傳訊裝置，因而促成 16 毫米技術的
發展。和電視攝影機不同，這些連續
攝影機的主要目的是記錄任務作業，
如對接、分離、月面活動等。這部攝
影機成功記錄了這些事件，但無法為
地球上的觀眾提供現場新聞影片，因
為沒有同步錄音也沒有廣播功能。

雖然 DAC 可以手持也可以固定在
托架上，但據我們所知圖中這部 DAC
只以固定在登月艙內托架上的方式使
用過。DAC 機身右側有 L 形配件，可
以安裝在登月艙中的兩個托架之一。
鏡頭下方的黑色按鈕啟動和關閉相機，

這部攝影機透過一個托架，固定在登月艙老鷹號的窗戶內，記錄人類第一次月球漫步。機身上的旋鈕可以調整影片速度，最快可達每秒24格，最慢每秒1格。

片匣附在左側。DAC 的影格率比一般電影要低，以盡可能少的底片來收集最大量的資料。攝影機的重量含片匣是 1.3 公斤。根據阿波羅 11 號成員的說法，這支 16 毫米影片呈現的月球表面，比 70 毫米的靜態攝影機拍攝的照片更接近實際色彩。阿姆斯壯後來這樣說：「看這些照片可以知道個大概⋯⋯單格照片有很大的用處，但和實際在那裡看到的差很遠。」

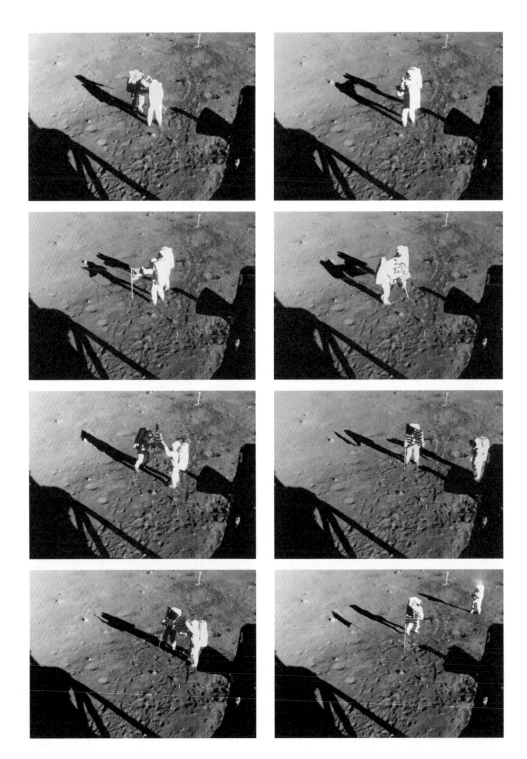

著陸後幾個小時，阿姆斯壯從前艙口離開老鷹號，並打開了一個設備艙。他從梯子下去時，這部 DAC 也以每秒 12 格的影格率，把場景記錄在片匣 J 中。但因為著陸時角度的關係，老鷹號的影子占據了很大的畫面。趁阿姆斯壯還站在梯子上的時候，任務控制中心指示艾德林調整攝影機的設置：就在阿姆斯壯開始走下梯子時，畫面亮了起來。

1969 年 7 月 20 日，任務時間 109:24 時，DAC 錄下人類在另一個天體的第一步。很快地，艾德林也從艙口出來，走下階梯，加入站在月球表面上的隊友。適應了月球的低重力後，他們在與登月艙有一段距離的地方把電視攝影機架設起來，為地球上的觀眾捕捉現場情況。這部 DAC 也錄下了美國國旗在月球上豎起的經過。

根據任務計畫，本來預定只有拍好的膠捲筒要打包帶回地球，這部攝影機和很多設備都要留在月球上，以減輕老鷹號起飛的重量。在看過這段世界矚目的影片之後，艾德林開玩笑地說：「尼爾，我們錯過了這整件事。」但是阿姆斯壯把 DAC 和其他小器材一起收進被暱稱為「麥克迪維特包」（McDivitt purse）的貝他布包，結果把這部攝影機一路帶回俄亥俄州的家中。這個包包和內容物一直不為世人所知，直到阿姆斯壯過世之後，才被他的遺孀卡蘿（Carol）在一個櫥櫃裡找到。●

# 28 愛沙尼亞的
## 玩具月面車

時間：約 1970 年
製造者：AS 諾馬（AS Norma）
來源：蘇聯愛沙尼亞，塔林（Tallinn）
材料：塑膠、橡膠、鋼、銅合金
尺寸：30.5 × 12.7 × 20.3 公分

**阿波羅 11 號**並不是唯一一艘在 1969 年 7 月中旬前往月球的太空船。7 月 13 日，蘇聯在哈薩克西部的太空中心「貝科奴太空船發射基地」（Baikonur Cosmodrome），以質子號（Proton）運載火箭發射了月球 15 號（Luna 15）。在蘇聯一系列共 24 次公認的月球發射中，這是第 15 次嘗試。最早的嘗試是在 1959 年 1 月，後來以飛掠作結；最後一次是 1976 年 8 月的樣本取回任務。蘇聯的月球計畫收集關於月球的資訊，不僅進行科學研究，也幫助載人任務的

規劃。右圖中來自愛沙尼亞（Estonia）的玩具，是月球計畫的機器人探測車：月面車（Lunokhod）的動力模型，這種月面車曾在 1970 到 1973 年間用於探索月球表面。

蘇聯的火箭學之父謝爾蓋·科羅里夫（Sergei Korolev）在 1950 年代初期首次提出使用機器人的月球計畫，比任何國家試圖發射火箭到太空的時間都早。單是 1959 年一年，月球計畫就達成三項太空第一：第一個進入太陽軌道的探測器（1959 年 1 月）；第一個撞擊另一個天體的探測器（1959 年 9 月）；以及第一個拍下月背照片的探測器（1959 年 10 月）。但蘇聯的載人探索計畫遇到了挫折。到了 1960 年代後期，蘇聯太空計畫設定了新目標：用機器人取回樣本。蘇聯在月球軟著陸，從月球表面送回照片和資訊（月球 9 號，1966 年 2 月）、讓衛星在軌道上飛行（月球 10 號，1966 年 3 月），以及拍攝月球表面的照片（月球 11 號，1966

第173頁：俄羅斯月面車的玩具版。

年 8 月；月球 12 號，1967 年 1 月）。
1968 年 12 月，美國成功讓太空人在阿
波羅 8 號任務中繞月飛行後，蘇聯計畫
了 1969 年的月球 15 號，要派出機器人
登陸載具採集月球土壤樣本送回地球，
不讓美國獨享月球上的物質。

　　7 月 17 日，月球 15 號進入月球軌
道時，本來是定在阿波羅 11 號任務兩
小時之後登陸。但是它的高度計傳回的
目標降落點讀數發生錯誤。蘇聯工程師
分析數據、調整月球 15 號的軌道，延
遲降落時間 18 小時。1970 年 11 月的
月球 17 號任務載有蘇聯月面車，這次
任務比較成功。早期的月面車計畫是要
支援人類探索，用來調查可能的登陸位
置，並作為載人登陸時的信標。在地球
上會有一組人員透過載具上的攝影機來
控制月面車。到了 1970 年，月面車已
經不再用來支援載人登陸，而是用來進
行機器人探索任務。

　　月球 17 號在雨海登陸後，月面車
1 號駛下斜臺，開始為期十個月的作

業，由蘇聯的地勤人員遙控，拍下了 2
萬張照片，在月面行駛了超過 9.6 公里。
這部太陽能動力車長約 2.3 公尺，重量
約 900 公斤。筒狀的車身上方有個凸形
的蓋子，下面有八個獨立控制的金屬網
輪。在月球的白天時，蓋子會打開，為
1 千瓦的太陽能電池充電。當連續兩週
的月球夜晚開始時，蓋子會蓋上，由具
高放射性的稀有元素釙 210 的熱來維持
本身的溫度。這部月面車還有一個錐形
天線、一個螺旋形天線、四臺電視攝影
機，和測試土壤的設備。第二部探測車
月面車 2 號在 1973 年 1 月發射，作業
時間只有一半，但走了將近 40 公里，
直到發生意外導致儀器過熱為止。

　　這臺玩具月面車是蘇聯的愛沙尼
亞共和國製造，取了愛沙尼亞的名字：
kuukulgur（kuu 的意思是「月球」，
kulgur 是「跑者」），在包裝盒裡顯得
很搶眼。工廠 AS 諾馬位於愛沙尼亞的
塔林，因為 19 世紀末生產魚罐頭用的
錫罐而聞名。愛沙尼亞獨立 20 年之後，

真實的月面車。每部車都超過2公尺長,使用一個長形高增益天線和一個錐形低增益天線,從地球上遙控。

在第二次世界大戰期間被蘇聯吞併,公司也國有化。到了 1966 年,隨著蘇聯生活中休閒活動和消費主義變得普遍,玩具也成了諾馬的主要業務。和先前動盪的幾十年比起來,這個時期消費品增加,經濟上也變得更樂觀。同樣地,這些根據實際設備所做的太空玩具,迎合了一般大眾對太空故事的興趣,而這些故事早在太空競賽開始之前就存在於蘇聯文化之中。●

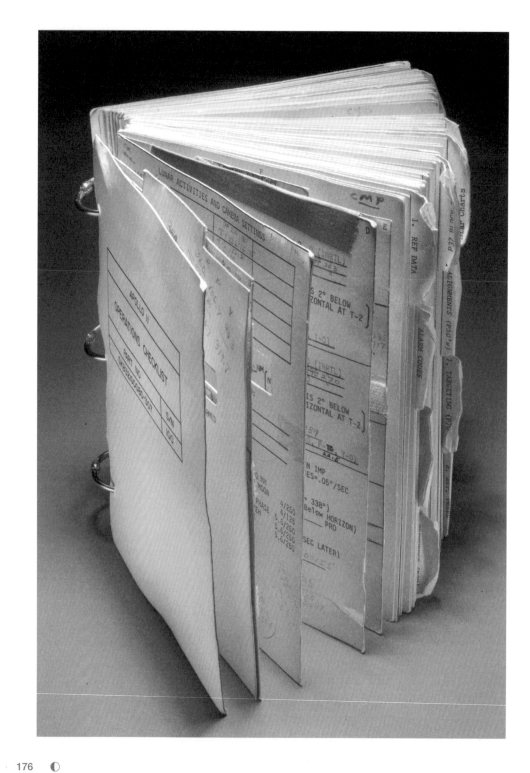

## 29 指揮艙操作檢核表

時間：1969 年
製造者：NASA 載人太空船中心
（Manned Spacecraft Center）
來源：美國德州休士頓
材料：紙、墨、鋼、鍍鉻、魔鬼氈、黏膠
尺寸：18 × 4 × 21 公分

**阿波羅計畫**往往讓人聯想到尖端技術。但是用來讓太空人往返月球的許多設備和程序，卻是很老派、甚至原始的。阿波羅 11 號指揮艙駕駛麥可·柯林斯的操作檢核表就是一個例子。正如歷史學家馬修·赫許（Matthew Hersch）的觀察，檢核表是一種「讓太空飛行得以實現的眾多『小』技術之一」。檢核表是一種已經存在數百年的技術，建立起太空船機電系統和太空人之間的重要連結。各種檢核表加上助航設施和資料卡，對於太空船操作太重要了，因此柯林斯說「這是我們第四名組員，他的意見一定要納入考慮」。

1930 年代，隨著飛機變得更複雜，飛行員在飛行前和起飛程序上也更加仰賴檢核表。20 世紀中期的試飛員是這類檢核表的作者，讓經驗較少的飛行員能夠有把握且安全地操作新的飛機。在水星計畫期間，太空人把印製在卡片上的程序和較小的檢核表貼在太空船的潛望鏡上。到了雙子星計畫時，會合和對接等程序都較複雜，促使最早的機上電腦和更精細的檢核表的發展。

阿波羅登月任務中，太空人需要操作兩具太空船共四個太空艙，使工作的複雜度更加提升。工程師設計了一個系統，讓數位電子電腦和太空人協作，在任務中同步監測可靠度，並驗證人為決策與操作。這時太空人最適合的歸類或許不再是靠技術和直覺來飛行的大膽駕駛員，而是一種新的工程師兼管理員。

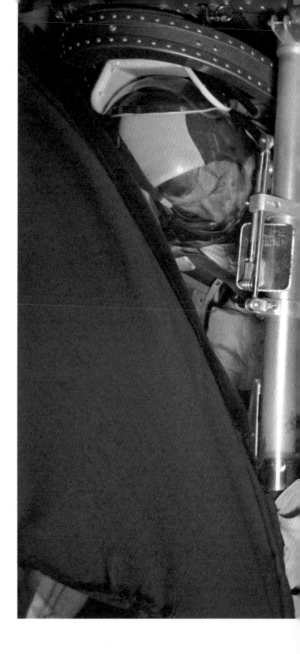

第176頁：阿波羅11號的指揮艙操作檢核表提供麥可·柯林斯步驟指示，完成身為指揮艙駕駛的任務。

右圖：1973年太空實驗室第一次載人任務的科學駕駛約瑟夫·科文（JOSEPH KERWIN，圖中）在一次指揮艙訓練中查看檢核表。指揮官小查爾斯·康拉德（CHARLES CONRAD, JR.，圖左）和駕駛保羅·懷茲（PAUL WEITZ）在一旁待命。

　　NASA 透過多年的飛行模擬器試誤過程來改進檢核表。檢核表的多數內容是太空人自己準備的，詳述每一步驟、每個開關的程序。這些詳細的指令還包括一些提醒，例如何時該洗手，或何時應從壓力衣上取下手錶收起來。飛行途中，任務控制中心會用無線電傳送補充指令給太空人。一位阿波羅電腦的設計者說，檢核表就像是設計給人類、而不是給機械的軟體程式。

　　1969 年 7 月 11 日，柯林斯在阿波羅 11 號上使用了檢核表的第 176 頁。這份 216 頁的檢核表分為 15「章」，或說 15 個段落：參照資料、導引導航電腦、導航、推進之前、推進、校準、標定、延伸動詞（螢幕和鍵盤使用）、穩定與控制系統一般作用、系統管理、登月艙介面、應變艙外活動（本文物遺失了一頁）、月球軌道嵌入中止、飛行緊急狀況、組員記錄。它有一層魔鬼氈，讓整本檢核表可以附著在太空船上的幾個位置。所用的紙張是防火材質，這是在阿波羅 1 號任務的悲劇之後實施的條款。除了這本檢核表之外，NASA 還給阿波羅 11 號任務成員美式

信紙規格的資料卡、三孔式活頁文件夾，和一份發射操作檢核表（Launch Operations Checklist）。

　　柯林斯在檢核表中，對導航和系統監視的部分手寫了筆記和註解。在內側和封底，柯林斯記錄了每個片匣的內容，包括特別值得注意的照片的位置。在檢核表的最後，有幾張可展開的拉

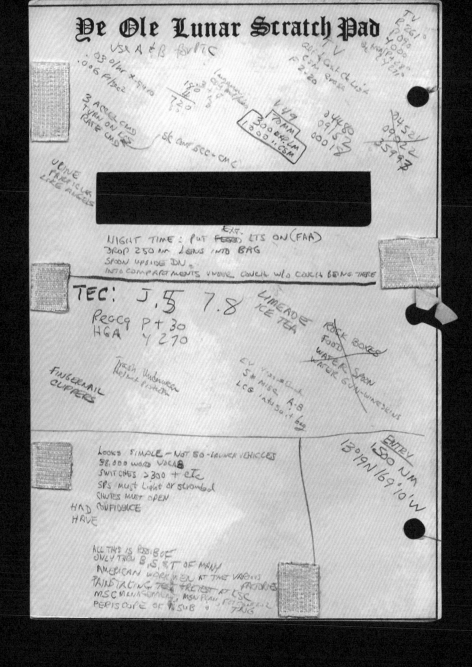

頁，是特別為每個太空人個別設計的，有史努比的漫畫，附有工程師簽名。查爾斯‧舒茲（Charles Schulz）的《花生米》（Peanuts）漫畫中的這隻小獵犬成為阿波羅計畫非正式的吉祥物。在其中一張漫畫裡，史努比坐在他的狗屋上，這間狗屋代表阿波羅太空船；如火柴棒的簡筆畫太空人偷偷把私人物品帶上太空艙。

另一個令人莞爾的例子，是在一頁空白頁的上方，有哥德體的仿古黑色字體寫著「老月球便箋」（Ye Ole Lunar Scratch Pad），令人感受到檢核表可說是現代和古老技術的融合。在那一頁中，柯林斯若有所思地寫著「尿珠有如天使」，也為他們預計在返回地球途中進行的廣播寫下草稿。不過，檢核表的主要角色，是幫助太空人掌握複雜的科技。如同柯林斯在7月23日阿波羅11號任務的返航途中所說，這艘太空船本質上是一部有「3

# 「然後我們做的每件事都有檢核表，連怎麼去上廁所都有檢核表！」

——迪克‧高登
（Dick Gordon），
**阿波羅12號任務指揮艙駕駛**

萬8000個字」的電腦。他手上拿的是一個「光是在指揮艙就有300個對應部件」的開關，還有無數「斷電器、操縱桿和其他相關控制項」。檢核表把人和機械連結起來，成為一套有效的整體系統。●

# 30 阿波羅旗竿和美國國旗

**時間**：1970 年代初期
**製造者**：NASA 載人太空船中心
**來源**：美國德州休士頓
**材料**：旗竿：陽極氧化鋁、鋼、漆、黏膠、塑膠、鉛、銅；旗子：織物
**尺寸**：74 × 120 公分

在人類即將首次登月的前幾週，華盛頓掀起了是否要在月球表面插旗的熱烈爭論。雖然多年來美國國旗已經出現在太空船、火箭和太空衣上，但在月球上豎起美國國旗，卻帶來新的政治兩難。最後，美國國會以經費威脅NASA，必須把插旗排進阿波羅 11 號太空人月球漫步的行程表裡。這個決議正好在最後一刻趕上，晚一天就來不及。1969 年 7 月 16 日，也就是發射當天，技術人員在清晨 4 點把包含美國國旗的不鏽鋼容器安裝在登月艙的梯子上。四天後，尼爾・阿姆斯壯和巴茲・艾德林在月球上豎起了這面國旗。

幾個月前，NASA 署長湯瑪斯・潘恩召開了「象徵活動委員會」（Symbolic Activities Committee），來自眾多單位的代表齊聚一堂，規劃太空人將在任務期間進行的紀念性公開活動。當是否應該在月球上放置美國國旗的問題提出後，委員會考慮了兩種選項。太空人可以在月球上留下一面旗子，或把太陽風實驗的器材設計成美國國旗的形狀。又或者太空人可以留下一組包含地球上所有國家的迷你國旗，加上一個紀念碑。

當時的美國國務次卿亞歷西斯・詹森（U. Alexis Johnson）擔心，如果太空人在月球插上美國國旗，會被視為領土占有的舉動。他警告，雖然1967年聯合國的「外太空條約」（Outer

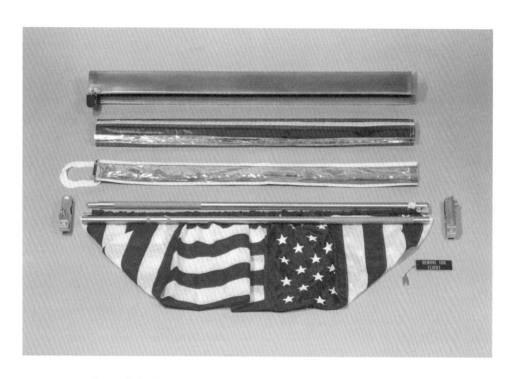

Space Treaty）已有規範，沒有任何一個國家可以宣稱擁有月球的主權，但仍可能引起國際爭議。「豎立美國國旗非常不妥，因為這種行為在歷史上象徵征服和領土取得。」負責公共和文化外交的美國新聞總署（United States Information Agency, USIA）官員也同意；他們建議，為了把在月球「插美國國旗的效果中性化」，太空人應在旁邊也插上聯合國會旗。

美國眾議院討論 1970 會計年度的撥款法案時，關於插旗的討論更加白熱化。多位國會議員加入辯論，認為因為美國納稅人資助了阿波羅計畫，太空人在月球上應該只插美國國旗，不該插聯合國會旗。

另一方面，在首次登月的三個月前，載人太空船中心（現在的詹森

太空中心，Johnson Space Center）的技術服務部門（Technical Services Division）主任傑克‧金斯勒（Jack Kinzler）開始設計旗幟的組裝方式，讓太空人穿著厚重太空衣時能夠把旗子豎立起來。人稱「搞定先生」（Mr. Fix-it）的金斯勒有一種性格：「每當有麻煩的時候，就是我最興致高昂的時候。」

由於月球上幾乎沒有大氣，金斯勒在國旗頂部加上一支橫桿，以製造出國旗在風中飛揚的效果。他也設計了兩截式套筒伸縮旗竿，讓組件維持緊湊。金斯勒從美國政府採用的供應商型錄中選了一幅標準的 3×5 英尺尼龍國旗，並為了配合橫桿，沿著頂部縫邊。金斯勒也知道，因為太空人的服裝會加壓到每平方公分要承受 0.26

NASA技術服務部門副主任大衛・麥格羅（David McCraw）在登月艙模型旁示範卸除和組裝國旗的過程。

公斤的力，因此太空人能施加在旗竿上的力有限。所以他在旗竿底部加上硬化鋼的尖端，讓它比較容易插入土中。

而由於旗子會安裝在登月艙的一支腳上，必須避免太空船引擎的攝氏1000度高溫。NASA的結構與力學部門（Structures and Mechanics Division）研發出一個不鏽鋼外盒，內襯Thermoflex隔熱層，然後用數層隔熱毯把整組國旗裹起來，再放入盒子裡。國旗的升空準備有12個步驟，過程需要5個人，還需要木塊和塑膠綁帶的幫助。國旗本身花費5美元，旗竿75美元，所有保護材料耗費數百美元。

1969年6月10日，NASA通知國會議員，會把一面美國國旗放在月球上，不包括聯合國會旗。同一天，眾議院通過撥款法案，但是加了一個條款：「美國國旗，不包含任何其他旗幟，將要豎立或放置在月球表面，或任何其他行星表面，由任何太空船的成員……作為任何任務的一部分……所需費用完全由美國政府提供。」

圖中的國旗顯示了阿波羅12號任務之後國旗設計的改變。當查爾斯·「彼特」·康拉德（Charles “Pete” Conrad）和艾倫·賓（Alan Bean）發現把橫桿妥當鎖上有困難後，NASA製作了一個雙向移動的閂，即使橫桿無法達到90度角時，國旗也可維持飄揚的樣子。阿波羅任務太空人豎立的六面美國國旗都留在月面，不過上面的星條圖案則因為太陽輻射而褪色了。●

# 31 尤金．塞爾南的太空衣，阿波羅 17 號

時間：1972 年
製造者：國際乳膠公司（International Latex Corporation）
來源：美國德拉瓦州多弗（Dover）
材料：貝他布、Chromel-R 布料、尼龍、聚酯、鋁、魔鬼氈、橡膠／氯丁橡膠、麥拉膜
尺寸：180 × 73.6 × 38 公分

**尤金．塞爾南是踏上月球的最後一人。**他的太空衣也因而成為曾經到過月球的最後一件被人穿過的物品。這件太空衣是專為塞爾南製作，上臂有和腿部有紅色線條，用來辨識他作為任務指揮官的身分。胸口上縫有阿波羅 17 號任務徽章、塞爾南的名字和 NASA 的「肉丸」標誌；左肩有美國國旗。一如所有月球

漫步太空人穿著的太空衣，塞爾南的太空衣也保護他免於受到外太空的危險因素傷害。

1930 年代，冒險犯難的飛行員試圖打破飛行記錄，因此了解到他們在較高海拔需要飛行衣來補償稀薄的大氣。飛行員冒著暈眩甚至失去意識的危險，在容許更高飛行速度的更高海拔飛行。之後，隨著噴射機變得更為普及，他們也得知超音速會讓血液離開腦部、聚積在腿部，並可能導致失去意識。這些飛行員很快學會變通，在下半身套上特製服裝，避免高空飛行時身體承受的壓力。到了 1950 年代，所有高性能飛行員都穿上可以提供緊急氧氣和降低身體壓力的飛行服。

美國總統甘迺迪在 1961 年提出阿波羅計畫時，太空衣技術還在起步階段。水星計畫太空人穿的是百路馳公司（B. F. Goodrich）為美國海軍設計的服裝，根據太空的需要加以修改。除了要搭配太空船上的維生系統，還加上鋁塗

層以提供保溫和反射功能，並把空氣打入太空衣，控制溫度。不過這些飛行衣是為了預防萬一太空船系統故障，僅供緊急狀況使用，適用於短程飛行，活動能力有限，且主要是作為太空船維生系統故障時的備用服裝。雙子星計畫的太空衣則以美國空軍飛行員的服裝為基礎，較具活動性，但仍不適於月球的艙外活動。直到這次之前，還沒有人製作出在真空中保護生命、又容許太空人在完全不同的世界中自主行走的服裝。

NASA 在 1962 年舉辦了一次太空衣競賽，1965 年又舉辦一次，希望有某個承包商可以找到方法，發展出能在極端環境和溫度中保護太空人，又柔軟到足以讓人在月球活動的太空衣。國際乳膠公司（International Latex Corporation，ILC）的特殊產品部（Special Products Division）達成了這樣的期待，製作出有 24 層、11 種材料的阿波羅任務太空衣。塞爾南的訂製艙外衣（EV），構型是 A7-LB 太空衣（阿波羅第 7 系列，ILC，B 改良型）。它擁有圍繞著軀幹的斜向拉鍊。這款太空衣的腰部有更高的靈活度，是專為阿波羅 15、16 和 17 號任務製作，因為太

空人在這些任務中要駕駛月球車。這些任務也使用改良而稍微重一點的維生系統，讓太空人艙外活動的時間從六小時延長到七小時。塞爾南的 EV 衣總重達96 公斤，非常沉重。

穿著太空衣時，太空人首先要穿上棉和合成纖維的「舒適層」（內衣），然後是有彈性的緊身衣，上面串著水管，也就是維持太空人體溫穩定的液冷服。壓力衣本身的最內層是用軟尼龍製作，然後是壓力層，材料是合成的梭織布，這層梭織布預浸過合成和天然橡膠，縫合處則以橡膠處理的斜裁帶密封。為了在壓力下維持太空衣的形狀，裡面還加入許多金屬和布料的塑型構造和滑輪，以加強整體形狀，同時又讓太空人能夠彎曲手臂、腿和腰。太空衣表面還有更多層，包括尼龍和達克龍（Dacron）、貝他薄紗羅（Beta Marquisette）、麥拉（Mylar）膜等材料，防止穿透性粒子射穿太空衣。

太空衣最顯眼的部分，也就是最外層，材料是貝他布，這是一種可穿戴的玻璃纖維。紅色和藍色的陽極氧化鋁接頭讓空氣進出，並容許通訊連線。可攜式維生系統經由軟管連接到太空衣。這個維生系統能控制太空衣壓力，移除二氧化碳，過濾濕氣，為太空人的月球漫步提供足夠的氧氣，並能夠進行通訊。通訊耳機和傳話筒戴在飛行帽上，這個帽子被暱稱為「史努比帽」。壓力頭盔是聚碳酸酯製作的球體，容許頭部自由運動、提供清晰視線。最後則是醒目的金護目鏡，加裝在壓力頭盔外側。●

# 月球科學

第七章

# 「地質學家來到這裡一定會高興到瘋掉……」

阿波羅 11 號太空船繞到月背時，月球表面密密麻麻布滿隕石坑的景象讓太空人驚嘆。「老天！地質學家來到這裡一定會高興到瘋掉……」麥可・柯林斯對他的夥伴說。在他看來，月球表面呈現出「抹著一層巴黎灰色的灰泥」，上面布滿坑洞和山脈。

阿波羅 11 號任務和後來到訪月球的太空人，在飛行前都花了好幾個月接受地質學家的訓練。在首次登陸月球前，柯林斯、尼爾・阿姆斯壯和巴茲・艾德林從他們的位置觀看月球表面，討論看到的深色平原和充滿隕石坑的高地。

科學，特別是地質學，是阿波羅計畫中最基礎的一部分。六次登月中，太空人帶了超過 680 公斤的實驗儀器到月球，而帶回地球研究的月岩、岩心樣本、沙塵、礫石等將近 400 公斤。阿波羅 15、16、17 號任務甚至有月球車的幫助，這些任務的科學性更為複雜，太空人在月球上待的時間更久，

這張NASA早期的概念圖，顯示太空人正在設置阿波羅月面實驗包（Apollo Lunar Surface Experiment Package）、採集地質樣本。

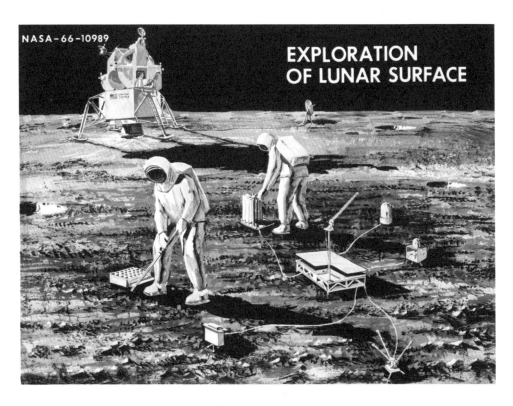

行動力提升，收集的科學樣本也比之前的任務更多。

　　阿波羅計畫的每一絲重量，和太空人每一秒鐘的時間都太珍貴了，他們必須盡可能把最有意義的科學研究放入任務中。只有透過阿波羅計畫才能得到的發現，使這些人的努力得到回報。太空人收集的科學訊息幫助科學家探索各種根本問題，包括月球內部結構、地殼的成分，還有月球的形成，轉變了我們對月球和早期太陽系的了解。●

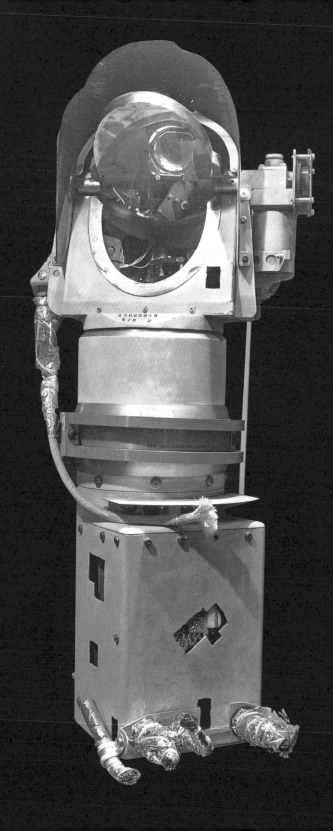

# 32 探勘者 3 號太空船的攝影機

時間：1967 年（1969 年取回）
製造者：休斯飛機公司（Hughes Aircraft Company）
來源：美國加州普拉亞威士達（Playa Vista）
材料：不鏽鋼、陽極氧化鋁、塑膠、橡膠、玻璃
尺寸：20.3 × 40.6 × 12.7 公分

這部攝影機由阿波羅 12 號太空人從探勘者 3 號（Surveyor 3）太空船取下，也是第一件由人類親手回收、帶回地球的機器人太空船的一部分，到今天為止也還是唯一的一件。正是這部攝影機確保了太空人能夠平安前往月球，因此由阿波羅任務太空人把它帶回來真是再恰當不過。

　　NASA 要把人類送到月球前，必須先收集資訊，了解人類和太空船在月球表面將要面對的各種條件。對 14.5 公噸的太空船來說，月面足夠穩固嗎？月球表面的沙塵是否過深又不夠密實，讓人無法行走？從軌道上觀察不到的月球地形，存在著什麼樣的危險？

　　1966 到 1968 年間，美國發射了七艘無人的探勘者號太空船到月球，執行了美國最早幾次在其他天體上的軟著陸。其中五艘按照計劃安全著陸並執行任務。抵達月球表面後，它們就在登陸位置透過儀器展開測試。地球上的科學家和工程師則利用這些發現來設計阿波羅任務的登月艙，並規劃科學和探索活動讓太空人執行。

　　探勘者 3 號發射於 1967 年 4 月 17 日，是第二艘成功著陸的太空船。這架電視「測量攝影機」（survey camera）就安裝在探勘者 3 號的骨架上。它約與站立時的眼睛同高，捕捉到的月球地平線的影像就如同人站在月面時會看到的景象。攝影機的廣角

第194頁：探勘者3號（Surveyor 3）攝影機回到地球後，研究者切下一些部位進行測試，因此在金屬機身留下孔洞。

右頁：彼特・康拉德（Pete Conrad）把手伸向探勘者3號，即將取下攝影機。這是有史以來第一次有太空探測器被人類造訪。阿波羅12號任務的登月艙「無畏號」（Intrepid）和太空人部署的S頻道天線位於隕石坑邊緣。

模式可以記錄全景，窄角模式可得到更多細節，使用的畫面格數是十倍之多，這些角度較窄的影像可以再拼接起來成為全景，含有豐富的科學資訊。

探勘者3號攝影機傳回地球的照片超過6000張，大多數是太空船周遭的景象，但在一次日蝕期間也捕捉到地球的影像，同一期間也拍了一張金星的照片。

另外，相機下方裝有一個「月表取樣器」機器人手臂，兩者共同運作，目的是測試月球土壤的力學性質。這個手臂的鏟子在月球土壤挖出溝渠，然後由攝影機拍照。

1969年11月19日，在探勘者3號降落後兩年半，阿波羅12號任務的登月艙無畏號（Intrepid）在距離這個無人太空艙163公尺處著陸，顯示出高超的精準度。太空人艾倫・賓和查爾斯・「彼特」・康拉德在風暴洋（Oceanus Procellarum）進行第二次登月艙外活動時，走到探勘者3號處取下攝影機，好帶回地球。

把探勘者3號的一部分從月球帶回，使NASA科學家有機會分析長期太空飛行對太空船材料的影響。除了攝影機，賓和康拉德也帶回一些電線、取樣鏟，還有兩條鋁管。

回到地球後，科學家在這些材料上發現顯微坑洞，是在月球上因為微隕石不斷轟擊而造成。他們也發現，太陽輻射使得登陸載具的塗裝表面顏色變深。某些證據顯示，未消毒的攝影機上附著的地球細菌，有可能在月球表面的嚴酷環境中存活了下來。雖然這個發現一直有爭議，仍使得後來前往其他行星表面的機器人任務必須經過完全消毒。

1976年，史密森尼國家航空太空博物館把探勘者3號攝影機拿出來展

示，機身上有些部分已經被切下進行分析。30 年後，NASA 科學家來到博物館，進一步分析這部攝影機，以了解新任務降落在已經存在的硬體附近的衝擊。這部攝影機顯示出「噴砂」效應，因為阿波羅 12 號任務登月艙的火箭廢氣把月球沙塵吹向探勘者 3 號。●

# 33 阿波羅
## 月面實驗包

時間：約 1971 年
製造者：本迪克斯航太系統（Bendix Aerospace Systems）
來源：美國德州休士頓
材料：鋼、麥拉膜、塑膠、保麗龍、覆蓋金屬
尺寸：62 × 55 × 12.7 公分

1972 年 4 月，就在約翰·楊和小查爾斯·「查理」·杜克（Charles "Charlie" Duke, Jr.）踏上月球後不久，他們取出月球車，並取出包含一系列科學儀器的「阿波羅月面實驗包」（Apollo Lunar Surface Experiment Package，簡稱 ALSEP）。在阿波羅計畫的資料收集任務中，這些儀器扮演重要角色，也為阿波羅任務影響深遠的科學遺產做出貢獻。阿波羅 11 號任務攜帶了「早期阿波羅科學實驗包」（Early

Apollo Scientific Experiment Package, EASEP），之後每次任務都攜帶了 ALSEP。太空人要先找到適合設置這套系統的地點，然後設立中樞站，並在周圍把儀器一一架設起來；中樞站為這些儀器提供電源，也是發信器、接收器和資料處理器的所在。

中樞站和儀器之間透過傳輸線連接，這些傳輸線不僅提供電力，也有通訊功能。接下來，太空人在中樞站頂部安裝一具特殊天線，把儀器收集的資料中繼回地球，NASA 再把這些資訊提供給各個不同實驗的主持人進行分析。阿波羅 16 號太空人在飛行前，都要接受 ALSEP 訓練好幾個月。雖然他們已經知道每個部分應該要設置在哪裡，但在不熟悉的月球環境中，仍發生一些閃失。

杜克和楊在笛卡兒高地（Descartes Highlands）選好地點部署系統後，杜克把鈽燃料棒放入 ALSEP 的放射性熱力發電機，為所有實驗提供電力。杜

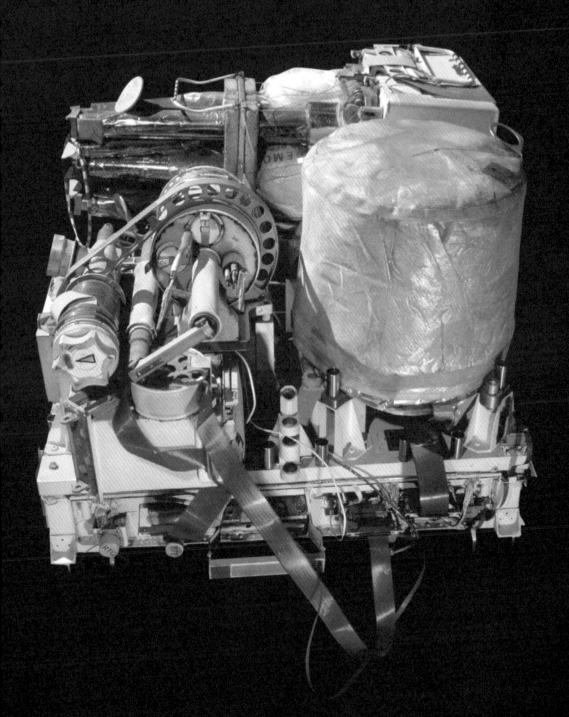

199

第199頁：阿波羅月面實驗包（ALSEP）收在登月艙的托架上。
阿波羅16號太空人使用照片上這組訓練用器材來練習實驗設備的
設置。

克說：「在訓練時，我們布置儀器的地方就像大張的撞球桌，每樣東西拿出來後，都可以放在想要的正確位置，排得很整齊。但在月球上當然完全是另一回事，你只能盡量做到最好。」然後杜克把儀器包勾在一根桿子上，接著「開始慢跑到部署位置」，距離他們的登月艙獵戶座號（Orion）約200公尺。杜克在半路上意外掉落了一個包裹，不過，如他後來回想時說的：「原來那東西還滿堅固的。」

由於月球重力只有地球的六分之一，縱使有十分全面的訓練，還是為阿波羅 16 號任務太空人帶來新的挑戰。杜克在為一個熱流實驗鑽洞時，楊開始設置中樞站及傳輸線。杜克回

憶當時的情景：「那就像一大盤義大利麵，每條都連接著實驗儀器，像蜘蛛網一樣。」楊的腳絆到其中一條線，使得月球熱流實驗（其中一個科學儀器）的資料源收集器和電源被扯掉。杜克記得自己在訓練期間曾警告 NASA 技術人員，這些線「在月球上重力只有六分之一的情況下會像麵條一樣捲起來」，結果，他說：「果不其然，事情就這樣發生。」

對杜克來說，那錯誤的一步「是一場悲劇，因為我花了很多心血，而且這個實驗的主持人是個很棒的傢伙，然後你也知道，我們都想好好表現」。他請任務控制中心把他們的歉意轉達給實驗主持人馬克・朗塞斯（Mark

Langseth），他同時也是哥倫比亞大學卓越的地球科學家。幸好，楊那錯誤的一步最後並沒有毀掉整個實驗。朗塞斯仍能夠用之前和之後的任務（也就是阿波羅 15 和 17 號）部署的相似設備收集到的資料，顯示並沒有近期火山活動的證據，而且月球的內熱大部分都已經散逸。

除了長方形的熱流實驗設備，阿波羅 16 號任務的 ALSEP 還包含另外三個實驗。「被動式震測實驗」（passive seismic experiment, PSE）裝在一個白色圓筒裡，用來測量月震及其衝擊，以幫助判定月球地殼和內部的物理性質。相似的「主動式震測實驗」（active seismic experiment, ASE）位於 PSE 左側，使用一串三個埋入地下的地聲探測器（geophone），由楊從儀器周圍不同的位置引發如同散彈槍擊發一般的 19 次小爆炸，地聲探測器再記錄爆炸產生的訊號。太空人離開月球後，一座遙控迫擊砲（托架底部的白色方形物體）會進行三次發射，在 1000 公尺外製造爆炸衝擊。最後，ALSEP 還有一個月面用的磁力儀（magetometer），可以測量月球表面的磁場。

太空人把 ALSEP 設置好後，任務控制中心就從地球上展開作業。實驗主持人大多是科學家，或是與 NASA 合作的大學與機構，他們使用取得的資料來回答有關月球環境的問題。阿波羅 16 號的 ALSEP 從 1972 年 4 月 21 日開始持續收集資料，直到 1977 年 9 月 NASA 結束計畫為止。●

## 34 卡拉瑟斯的遠紫外線相機／攝譜儀

時間：1960 年代晚期
製造者：美國海軍研究實驗室（Naval Research Laboratory, NRL）
來源：美國華盛頓特區（Washington, D.C.）
材料：鍍金金屬、電子設備
尺寸：40.6 × 73.6 × 45.7 公分

1972 年 4 月 21 日，阿波羅 16 號登月艙獵戶座號在笛卡兒高地的多倫德（Dollond）撞擊坑附近著陸，停留 71 小時。這是阿波羅系列任務的第五次載人登陸任務，也是第一次有小型的天文望遠鏡登場。太空人除了駕著月球車四處巡遊、採集樣本和拍照以外，還會設置一系列的科學實驗，監測熱、磁和地震活動，或檢查月面性質，或手動操作一具小型的金望遠鏡，對地球的外氣層、明亮的恆星，還有恆星之間廣大的宇宙進行成像和光譜記錄。

這具望遠鏡的名稱是「遠紫外線相機／攝譜儀」（Far Ultraviolet Camera/ Spectrograph），由華盛頓特區美國海軍研究實驗室的喬治・卡拉瑟斯（George R. Carruthers）和他的團隊製作。卡拉瑟斯發展出一種高感度相機系統，把光信號以電子照相的方式增幅，然後記錄到特製的高感度超微粒核乳膠底片上。相機本身是以施密特（Schmidt）光學系統設計，太空人常用這種系統來記錄亮度非常低的廣闊天空。

卡拉瑟斯把光學系統埋入一個磁聚焦圓柱中。光穿越一組弱紫外線透明校正鏡片，打到聚光力極強的 3 英吋球面鏡上，把光集中到一個小型的凸面光電陰極。這個光電陰極把高能的紫外線光子轉換為電子，再以磁力加速集中，在主要鏡面後方形成影像，

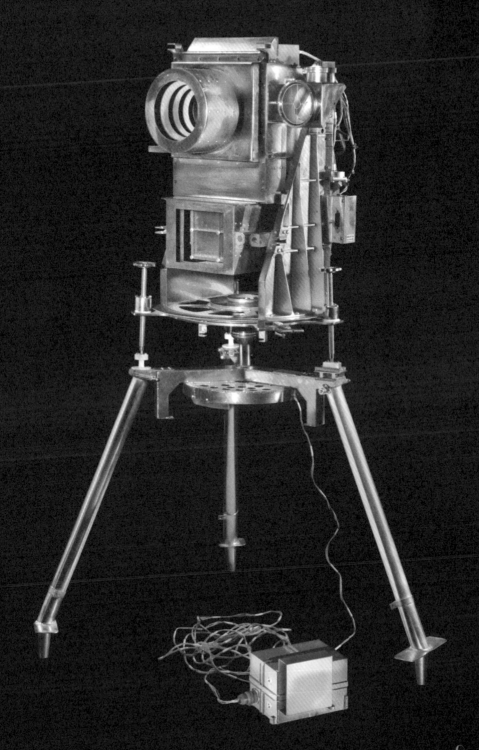

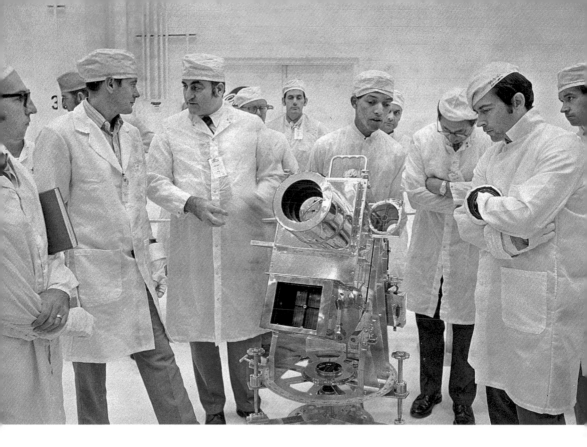

那裡有底片輸送匣，內有捲起的長條形底片。卡拉瑟斯讓測試相機以探空火箭進行試飛，證明相機確實可用。

卡拉瑟斯的主要目標是一窺宇宙在高能遠紫外線範圍的光譜中看起來是什麼樣子；天文學家認為其中應藏有恆星和銀河系如何形成的答案。這是太空時代的早期，而人類對高能領域的知識還很貧乏。NRL 團隊當時已是遠紫外線和 X 光天文學的先鋒，對地球高層大氣和宇宙中的氫原子分布尤其感興趣。卡拉瑟斯稱得上是這個團隊的明日之星。

月球上的太空人因為戴著保護眼睛的強度護目鏡，看不見天空中亮度比地球暗的物體，所以卡拉瑟斯把這個儀器設計得容易操作。他先計算太空人使用這具望遠鏡時，天空中各個目標區域的位置。太空人只需要把相機架設在腳架上，調整好水平和確認方位，然後轉動搖臺，讓相機指向預測的高度和方位角，然後曝光與上片。太空人也必須手動切換相機的兩種模式：直接成像模式和分光模式；在分光模式時，相機需要傾斜不同角度，接收穿過一個準直物鏡光柵的散射光。

為了保持相機的溫度穩定，太空人把相機放在登月艙的影子中。但是

第205頁：遠紫外線相機／攝譜儀的工程模型。綠色的電池可以移動，放在陰影下或除出陰影外，以保持最適當的溫度。

左頁：喬治‧卡拉瑟斯和阿波羅16號任務指揮官約翰‧楊（右側戴手套者）在無塵室中討論遠紫外線相機／攝譜儀。

因為阿波羅16號任務的著陸比預定時間晚了六小時，太陽在天空中的位置比預期高。這表示相機的放置位置必須更接近登月艙，導致將近1/5的天空被登月艙擋住，包括幾個計畫中的目標區域。在三次艙外活動間，太空人拍攝了天空中11個區域，也包括地球。第三次艙外活動時，太空人從相機取下底片運輸匣，以便帶回地球。最後成功的影像將近200張，包括85張相片和68張光譜影像。捕捉到的恆星超過500個、一些星雲和星系，還有局部的天鵝座環（Great Cygnus Loop）、北美洲星雲（North America Nebula），和大麥哲倫星雲（Large Magellanic Cloud）。他們也拍到地球的地暈，這是位於我們外氣層最外緣的一層游離氫，景象格外壯觀，呈現出大氣輝光的圖案和極光。

那具小望遠鏡現在仍矗立在月球的笛卡兒高地上，回到地球的只有底片運輸匣。NASA的載人太空船中心保留了許多硬體備份，阿波羅時代結束時，由於硬體除役，其中多數被送到NASA的遊客中心和國家航空太空博物館（National Air and Space Museum, NASM），包括第205頁的這部相機。

有兩部月球相機的工程模型在1981年6月被送往NASM。其中序號標註為4號的那部明顯比較複雜。它在1992年借給NRL，希望卡拉瑟斯和他在華盛頓特區SMART計畫的學生可以把它修復。在修復工作的一部分中，卡拉瑟斯把實際上過太空的底片運送匣裝上這部電子相機的背後，並加入其他部件，讓它盡可能接近實物。●

# 喬治・卡拉瑟斯，航太工程師

**喬治・羅伯特・卡拉瑟斯**（George Robert Carruthers）設計和製作第一具從另一個世界——我們的月球——觀測宇宙的天文望遠鏡。卡拉瑟斯當時任職於華盛頓特區的美國海軍研究實驗室（U.S. Naval Research Laboratory, NRL），製作出非常複雜精密而多用途的望遠鏡，不僅可以直接拍攝宇宙的照片，還可以分析內容。尤其重要的是，這具望遠鏡必須夠小、夠輕，且適合讓阿波羅 16 號太空人在月球表面上操作。

卡拉瑟斯 1939 年出生於美國俄亥俄州的辛辛那提（Cincinnati），1964 年帶著伊利諾大學航空太空工程博士學位，開始在 NRL 工作。他從小就自己製作望遠鏡，1950 年代早期父親過世後，全家搬到芝加哥，他在那裡參加阿德勒天文館（Adler Planetarium）的課程。中學時，卡拉瑟斯大量閱讀火箭、太空飛行和天文學的書籍，特別著迷於 X 光天文學家賀伯特・傅里德曼（Herbert Friedman），和其他透過 V-2、維京（Viking）和空蜂（Aerobee）火箭把

偵測設備送上太空的科學家。

　　卡拉瑟斯一等到符合條件時，就成功申請到美國國家科學基金會（National Science Foundation）的博士後研究獎學金，前往 NRL，後來得到正式職位，成為 E・O・赫伯特太空研究中心（E. O. Hulburt Center for Space Research）傅里德曼團隊的一員。卡拉瑟斯在伊利諾的研究所時感到挫折，因為那裡缺乏指導者願意讓他結合工程學和天文學的天份和熱情。

　　卡拉瑟斯被分派到陶巴特・丘伯（Talbot Chubb）的高空物理學（Upper Air Physics）分部時，加入了一個實驗火箭天文學團隊，尋找太空中的氫。這需要針對光譜中遠紫外線部分進行偵測的靈敏偵測器。為了達成這個挑戰，卡拉瑟斯發展出電子照相機，影像經過電子放大，記錄在相機底片上。他在丘伯的引導和 NRL 的朱利安・霍姆斯（Julian Holmes）的指引下，製作出非常有效而可靠的電子照相機，在 1960 年代晚期送上火箭升空。

　　1969 年，卡拉瑟斯回應 NASA 公開的「機會徵求」，為未來的阿波羅飛行計畫設計實驗。他建議以遠紫外光攝譜儀近一步探索宇宙中氫的性質和分布，特別是在地球大氣的最外層。卡拉瑟斯很快得知，衛斯理大學（Wesleyan University）的另一位天文學家桑頓・佩吉（Thornton Page）提出了幾乎一樣的計畫，只是使用直接成像的相機。NASA 則做出他們常做的決定，把兩個人湊在一起，由卡拉瑟斯設計一具望遠鏡，既能直接拍照也能偵測光譜。NASA 核准他們的計畫後，卡拉瑟斯和他在 NRL 的團隊只剩不到兩年的時間，可以把整個裝置完成。而當阿波羅 16 號任務把它帶到月球上時，它的運作完美無瑕。

　　卡拉瑟斯的整個職業生涯都留在 NRL，持續發展各種不同的紫外線偵測器。他的設備上了太空實驗室，後來也參與太空梭任務。卡拉瑟斯晚年成為熱心的指導者，在他科學和工程學的兩個世界，啟發年輕學子親手操作得到經驗。●

# 35 月球車的輪子

時間：1970 年
製造者：通用汽車公司 AC 電子防禦研究實驗室（GMC AC Electronic Defense Research Laboratories）
來源：美國加州聖塔巴巴拉（Santa Barbara）
材料：輪子：鍍鋅鋼製的鋼琴線、鈦輪面；擋泥板：浸漬環氧樹脂的玻璃纖維
尺寸：輪子：24 × 80 公分；擋泥板：79 × 27 × 45 公分

「**月球車真的就像是**另一艘太空船，即使我們操作它的地點是在月球表面。每次我們碰到一塊石頭或遇到顛頗，就會飛到宇宙中。」阿波羅 15 號的登月艙駕駛詹姆斯·「吉姆」·爾文（James "Jim" Irwin）回憶道。爾文和同伴戴夫·史考特（Dave Scott）是最早在月球上駕駛月球車（lunar roving vehicle, LRV）的人。為了擴大太空人的活動範圍，讓太空人可以從距離登月艙更遠的地方採集月球樣本，波音航太（Boeing Aerospace）設計了月球車。有了這部交通工具，太空人可以用最高時速 18 公里行駛 64 公里，不過爾文的觀察是，時速超過 8 公里時，就變得過於顛頗。照片裡的輪子是其中一部月球車的備用輪。

阿波羅 15、16 和 17 號任務稱為「J 任務」，在月球上停留時間更久，也包含更多艙外活動。這些太空人花三天時間採集樣本、設置科學實驗，以及評估設備。月球車是電池動力的「沙灘車」，收藏在這三次任務登月艙的登陸段中。輪子和座椅向內折疊，以減少飛行時的體積。部署這部車子大約需要 11 分鐘，而導航校準和各項檢查需要 6 分鐘。大衛·史考特覺得這類似於部署一座「相當複雜的吊橋」。

波音公司共製作了 11 部月球車，其中 8 部是發展和測試用途，3 部擔任真正的阿波羅任務。設計輪子的

轉包商是通用汽車的防禦研究實驗室（General Motors Defense Research Laboratories）。第一個任務飛行模型在 1970 年 3 月完成。測試期間，工程師讓月球車承受極端條件，比月球任務中預期的條件還要嚴苛。太空人查理・杜克和月球車發展團隊合作，確保扶手的設計和位置能夠有效幫助太空人的進出。

月球車以兩個 36 伏特的電池提供

動力，輪基距超過 2 公尺，底盤 3 公尺，高將近 1.2 公尺。在一般的 EVA，太空人最多駕駛三小時，然後讓車子停下差不多同樣的時間，讓電池降溫。月球車不是用方向盤，而是用 T 字型把手操縱桿，可以控制車子前進或後退。每個輪子有獨立的牽引驅動馬達，因此可以達成四輪轉向。月球車可以爬上 25 度的斜坡、最高 30 公分的障礙物，也可安全停在 35 度斜坡。

因為月球有微弱磁場，太空人不能仰賴羅盤來導航，而是採用「推測航行」（dead reckoning）系統。先利用一種類似日晷的儀器，把系統的導航陀螺儀和太陽定向，然後車上的電腦可以根據里程計和陀螺儀的讀數來決定登月艙的方向和距離。有一個高增益天線作為通訊的中繼，然後任務控制中心操作一具安裝在月球車上的電視，因此休士頓可以進行即時導航。低增益天線則是在月球上行動期間幫助傳送語音命令。

工程師製作月球車的輪子時，是用鍍鋅的鋼琴線製作手編金屬網，這樣比起充氣式的橡膠輪胎更輕也更耐用。這些中空的輪子還有其他好處，基本上不受極端溫度變化的影響，不像地球上的車胎會膨大和縮小。每個輪子由 800 條鋼線構成，並在金屬線上鉚接鈦輪面，形成 V 字紋。這些輪面給予輪子牽引力，避免輪子陷入月球土壤、可能造成無法控制的空轉。不過

# 「儘管月球車有四個輪子，但駕駛月球車其實比較不像開車，反而更像開飛機。」

——戴夫‧史考特（Dave Scott），阿波羅15號太空人

即使如此，輪子還是會陷入月球土壤，常形成深超過 1 公分的軌跡，並在車後留下沙塵噴濺的痕跡。

正如史考特回憶：「雖然月球車可以靈巧轉彎，牽引力和動力也很強，但鋼絲網的輪子濺起的大量沙塵簡直像公雞尾巴，而這些沙塵會被大擋泥板擋掉。」他繼續說：「乘坐月球車像是騎在頑強的野馬上，又像是搭乘巨浪中的小船。」●

# 36 月岩

時間：33 到 44 億年前
製造者：宇宙
來源：月球
材料：斜長岩：斜長石；玄武岩：鐵、
鎂、斜長石；角礫岩：其他岩石的碎片
尺寸：斜長岩：32.8 公克；玄武岩：
64.7 公克；角礫岩：101 公克

**在六次任務期間，**12 名太空人從月球上收集的岩石、卵石、岩心標本、塵埃和土壤總重將近 400 公斤。從 1969 年到 1972 年，阿波羅太空人從六個登陸位置共帶回 2200 件樣本。阿波羅任務期間收集的月球樣本和資料，包括右頁照片中的三個樣本，改變了我們對於月球和太陽系形成的了解。照片中的斜長岩、玄武岩和角礫岩代表了月球表面找到的三種主要岩石類型，每一個樣本都提升了我們對月球

的認識。

因為太空人白色的艙外活動衣龐大笨重，限制了手臂高舉或彎腰等能力，因此工程師設計了一些工具，幫助他們收集月球物質；這些工具包括夾鉗、杓子、耙子、鎚子、電鑽，以及用鎚子敲打 50 次後可以鑽入地表下 70 公分的岩心管。太空人在太空衣手臂上戴著檢核表，裡面詳細列出任務中的採樣排程。如果他們注意到什麼有趣但未被列入計畫活動的事物，可以詢問任務控制中心待命的地質學家團隊，並調整他們的艙外活動。

偶爾，太空人會進行未被認可的停留，採集樣本。照片中的玄武岩就是這樣的例子。阿波羅 15 號任務太空人戴夫·史考特決定在一個未經認可的地點採集這個玄武岩樣本。他假裝修理自己月球車座椅的安全帶，而實際上卻從地面上撿起這塊玄武岩。因此這個標本獲得了「安全帶玄武岩」的綽號，和所有的玄武岩一樣，含有

豐富的鐵、鎂和斜長石。

月球玄武岩的形成，是在幾億年間，由於熱熔岩從月殼的裂縫噴出，還沒完全硬化前在接近真空的月面流動而形成的。月球的平原之所以顏色較深，大致上就是因為玄武岩的緣故。在地球上，玄武岩可以在火山地區找到，例如夏威夷。

太空人也收集角礫岩，這是在月球漫長歷史中，隕石不斷無情轟擊，使岩石破裂為較小的碎片，然後這些

衝擊的熱和壓力使某些碎片融合在一起，形成較新的複合岩。阿波羅 17 號任務太空人尤金·塞爾南和哈里森·施密特在一個小隕石坑的邊緣找到圖中的角礫岩。

另一種標本類型是斜長岩（anorthosite），來自月球歷史早期的一個岩漿海。隨著岩漿降溫、礦物也開始形成，較重的礦物沉到底部，較輕的則升到表層。照片中的斜長岩是阿波羅 16 號任務太空人約翰·

楊在笛卡兒高地採集，富含斜長石（plagioclase）。覆蓋月球的厚厚土壤稱為表岩屑（regolith），是粉末化的岩石構成，為長久以來隕石轟擊月球而磨出的粉末。

太空人在鏟起樣本前，通常會先就地拍攝樣本的照片，記錄樣本所在的環境背景，提供之後的科學分析。他們會在樣本旁放置一個日晷，這個小道具可以用來呈現岩石的大小、顏色和方位。然後他們把每個樣本放進一個擁不同識別號碼的袋子。太空人把這些袋子收集在一起，放入較大的採樣袋中。把岩石帶回登月艙時，太

空人可以把大採樣袋固定在彼此的背包上，或者在較後來的任務中，可以固定在月球車上。一回到太空船中，他們就把採樣袋收進儲存箱中，準備送回地球。

科學家已經確認月岩在化學上和地球岩石很相似，雖然阿波羅任務的樣本並沒有活體生物的痕跡，也僅有很少量的水。根據這些樣本的研究，科學家認為早期地球很可能曾承受大小約如火星的天體的快速撞擊。這次撞擊的一些碎屑噴到太空中並聚集起來，形成了我們的月球。月殼大約在44億年前形成，從那時以來，隕石轟

第215頁：地質樣本密封在鋁製箱子中，送回地球。照片中的箱子用於阿波羅11號任務。岩石樣本從上而下分別為斜長岩、玄武岩和角礫岩。

左頁：太空人在太空飛行前接受全面的地質學訓練。左圖中大衛·史考特和詹姆斯·爾文在夏威夷的卡波赫（Kapoho）練習採樣，身上背著模擬的攜帶式維生系統包。右圖是阿波羅17號的哈里森·施密特，正在月面上採樣；他是到訪月球的太空人中唯一一位地質學家。

擊月球表面，熔岩也在岩石間流動。雖然月面和月背的隕石撞擊數大約相當，但月背顯得比面對地球這邊有更多撞擊坑，這是因為月面有很大面積被覆蓋在相對較年輕的玄武岩平原下，這些平原是由流動的熔岩填滿了許多較大的撞擊盆地和撞擊坑而形成。

月岩除了是科學標本，還扮演許多角色，包括外交贈禮、展覽中的亮點，以及國際犯罪的覬覦對象。到1970年末，參觀過月岩展覽的人數已經超過4100萬，範圍超過一百個國家。美國新聞總署指出，這些展覽品「把〔登月〕經驗帶給地球家鄉的數百萬人」。美國總統理查·尼克森把月岩的一些碎片（來自阿波羅11號和17號任務各一組）加上迷你國旗，分贈給每個國家。

曾多次有罪犯偷竊、走私月岩，並在黑市販賣。有一次，有一塊被偷取的月岩衍生出一件訴訟案，兩造分別是美國政府，和一顆含有月球物質（一塊月岩）以及一片 10×14 英吋木牌的壓克力球。

還有一份來自阿波羅 11 號太空人的禮物，是一塊重 7 公克的月岩，保存在華盛頓國家大教堂（Washington National Cathedral）一面彩繪玻璃中央的一個充滿氮氣的氣密容器中，這面彩繪玻璃以「太空之窗」而為人所知，紀念阿波羅計畫對人類心靈和科學的重要性。●

## 阿波羅計畫VIP

# 月球地質學家法魯克・埃爾－巴茲

**法魯克・埃爾－巴茲**（Farouk El-Baz）和阿波羅計畫的關係始於貝爾通訊（Bellcomm），那是 NASA 的一個承包商，為月球科學和通訊規劃提供建議。不過，他的地質學職業生涯剛開始時，並沒有把目光放在地球以外的世界。埃爾－巴茲出生於埃及宰加濟格（Zagazig），前往美國攻讀地質學研究所，之後在德國海德堡大學教授礦物研究。在埃及的一家石油公司短暫任職後，他得知貝爾通訊正在為阿波羅計畫徵求地質學家，於是前往應徵。在貝爾通訊，他成為月球科學規劃和作業的督導人員。

雖然埃爾－巴茲到職時並沒有月球科學背景，但他的勤勉與洞察力很快就讓他名聞 NASA 總部，大家都知道他就是那個對月球瞭若指掌的人。龐大的貝爾通訊月球軌道飛行器（Bellcomm Lunar Orbiter）計畫提供了首次從軌道上看到的月球全貌，得到數千張各種月球地形和結構照片，埃爾－巴茲親自整理、研究每一張照片，也為每張照片定出特徵。

埃爾－巴茲對月球表面的廣博知識，讓他在選取登陸位置的過程中扮演了整合性的角色。他也指導太空人如何從月球軌道上進行有助益的觀察，以及如何挑選適合研究的特定地質特徵（或機會目標）。他成功贏得幾個本來沒什麼興趣的太空人的心，喚醒他們對阿波羅計畫科學面向的興趣。

在 1972 年最後一次阿波羅任務之後，隨著貝爾通訊和 NASA 的合約結束，埃爾－巴茲被阿波羅 11 號太空人麥可・柯林斯挖角，柯林斯當時是史密森尼國家航空太空博物館（NASM）的館長。在那裡，埃爾－巴茲建立起博物館的地球與行星研究中心（Center for Earth and Planetary Studies）。直到今天，這裡仍是活躍而備受尊崇的研究團隊，他們的地質學家活躍於 NASA 到水星、火星、月球及更多地方的任務。

埃爾－巴茲在 NASA 時，被任命於國際天文聯合會（International Astronomical Union, IAU）月球命名法任務小組。IAU 是負責通過行星上隕石坑和其他特徵名稱的機構。阿波羅測繪和全景照相機取得的照片，成了詳盡的地形照片圖的基礎。這些地圖上的特徵必須有正式的名字，得到 IAU 的認可，世界各地的科學家和其他人才能夠根據一貫的系統來工作。埃爾－巴茲在建構這些地圖時發揮了極大的助益，而太空人對於自己登陸位置所取的名字，他也支持這些名字獲得正式認可。

在 NASM 時，埃爾－巴茲同時也是阿波羅－聯合號測試計畫（Apollo-Soyuz Test Project）的地球觀察和攝影主持人，這是美國和蘇聯進行「太空握手」的共同計畫。他也是埃及總統艾爾・沙達特（Anwar Sadat）的科學顧問。身為波士頓大學遙測中心（Center for Remote Sensing）的創始主持人，現在埃爾－巴茲仍持續軌道科學的工作，把目光放在地球，進行乾旱地區的研究。●

# 37 阿爾‧沃登的計時錶，阿波羅 15 號

時間：1966 年
製造者：歐米茄 SA（Omega SA）
來源：瑞士
材料：不鏽鋼、塑晶（Hesalite，人造水晶）、黃銅、珠寶
尺寸：2.54 × 3.81 × 3.81 公分

**在太空探索中**，時間至關重要。無論是執行檢核表中記載的詳盡任務，到記錄引擎點火和各種實驗的時間長度，精確的時間讓太空人能準時遵從任務控制中心精心設計的行程。右圖是指揮艙駕駛員阿弗列德‧「阿爾」‧沃登（Alfred "Al" Worden）佩戴的計時錶（chronograph）。1971 年夏天，從月球返回地球的路途中，他從阿波羅 15 號服務艙中的測繪和全景相機上取回底片罐時，就戴著這只計時錶。這是人類第一次在太空中進行的深太空艙外活動。這只計時錶幫助沃登在距離地球 30 萬公里之遙、充滿風險的 38 分鐘艙外活動中掌握時間。

計時錶是手錶的一種，包含時間顯示和馬錶兩種功能。在 1960 年代早期的水星計畫期間，NASA 還在研究什麼樣的錶才符合標準和需求。在最後兩次任務中，華特‧舒拉和高登‧庫柏兩位太空人為了看時間，都是佩戴自己的錶。雙子星計畫開始時，太空人辦公室主任德科‧斯雷頓認為在接下來的任務中，太空人應要有耐用的錶。NASA 的一名年輕工程師詹姆斯‧拉根（James H. Ragan）判斷他們需要的是手動上鏈的計時腕錶，要能承受攝氏零下 17 到零下 93 度的範圍，以及最高 12g 的加速度。這只錶還要防水、防震、防磁。有四家公司提交商業販售的手錶供評估，NASA 針對其中三款錶進行了數個月的詳盡測試。

最後，歐米茄（Omega）的「超霸」（Speedmaster）證實可靠又準確，成為美國民間太空計畫的正規計時錶；這是唯一符合所有需求，同時也得到太空人認可的錶。歐米茄超霸在1957年首度發行，英文原意「速度大師」來自於它多了一個固定式錶圈，可以和馬錶配合以測量時速。使用者設定計時錶的第一個指標並開始移動，移動一段已知的距離後，把計時錶停下，得到第二個指標讀數，藉此可以了解這段距離的移動速度。錶盤上第三根大型指針是馬錶，而錶盤內的三個小錶盤分別是秒針，以及分鐘和小時的計時；固定的錶圈位於錶盤外圍。

NASA在飛行任務前約六個月就會發配腕錶給每個太空人，讓他們熟悉所有功能。太空人的計時錶錶帶和市售的金屬錶帶不同，太空人的版本同時有網狀金屬和魔鬼氈，可以在穿著襯衫時配戴，也可以穿戴在壓力衣外。歐米茄在1964年10月把第一組共12只超霸提供給NASA；然後在1966年7月又提供了20只超霸專業版（Speedmaster Professional）。到1972年，NASA已經為太空飛行任務購買了

第221頁：阿爾・沃登在第一次深太空艙外活動時，把這只錶以魔鬼氈戴在太空衣外。計時錶讓太空人掌握任務事件的時間，使行程按計畫進行。

左頁：阿波羅17號太空人羅恩・伊文斯在他的深太空艙外活動中，帶著月球測繪相機（Lunar Mapping Camera）移向指揮艙出口。他太空衣的左腕上就戴了一只歐米茄超霸。

將近 100 只歐米茄的計時錶。

1971 年 7 月，阿波羅 15 號任務達成第四次登月，這是阿波羅太空船第一次帶著科學儀器艙（scientific instrument module, SIM）飛行，也是第一次在深太空從指揮艙進行艙外活動。沃登按照計畫爬出指揮艙「奮進號」（Endeavour）出口，三次前往科學儀器艙，取回高解析度全景相機和測繪相機的片匣，這些相機以 20 公尺的解析度拍攝了將近 25% 的月面。

沃登後來回顧：「當時的感受難以置信。曾有一次，我的形容是像在大白鯨旁邊游泳。指揮艙和服務艙就在那裡，有著銀白色的艙體和明確的陰影，而設備也在陽光的照耀中。」因為測繪相機突出來，沃登繞過它，把全景底片罐從科學儀器艙取出。第二次則取回測繪相機的底片罐。最後一次沃登檢查相機時，他中途稍事暫停，調整自己的角度，讓自己同時看到月

「這是你能想像的最難以置信的景象，我們作為一個國家，有這樣的能力和創造力來達成如此宏偉的成就，讓我十分自豪。」

——阿爾・沃登
（Al Worden），阿波羅15號
指揮艙駕駛員

球和地球。沃登說：「我了解到歷史上從來沒有人看過這個景象，使我倍感榮幸。」而整個過程中，這只計時錶都保持著精準的時間。●

# 克服災難

第八章

引言

# 「沒有失敗的
# 機會……」

在阿波羅任務農神204號（Apollo Saturn-204）預定發射前一個月，一次例行的發射預演測試中，由於線路受損，指揮艙內冒出火花，在純氧環境中引起火災。技術人員衝到指揮艙處，試圖打開艙門救出太空人，但仍搶救不及，導致維吉爾・「高斯」・格里森（Virgil "Gus" Grissom）、艾德・懷特（Ed White）和羅傑・查菲（Roger Chaffee）三名太空人命喪艙內。

這個事件後來稱為阿波羅1號慘劇，促成一個審查委員會的成立和美國參議院的調查。NASA花了超過一年時間，對太空船系統的許多面向進行評估及重新設計。阿波羅計畫不再使用可燃材料，指揮艙出口和逃生程序也完全重新設計。

1970年又發生另一次事故。阿波羅13號飛向月球途中，由於氧氣罐爆炸，使太空人的生命安全受到威脅。飛行控制員、太空船系統專家和太空人集結起來，解決一個又一個的問題，確保太空人可以安全回家。

雖然飛行主任（lead flight director）尤金・克蘭茲在任務中並未說過「沒有失敗的機會」，但在電影《阿波羅 13 號》中扮演他的艾德・哈里斯（Ed Harris）說出這句話後，現在這句名言已經緊密地和他連在一起。克蘭茲覺得這句話非常傳神地描繪出任務控制中心的精神，因此也把它當作自傳的標題。

在阿波羅計畫期間，NASA 主管、科學家、工程師和太空人都克服了無比的挑戰，不只在發展新技術時，在面對有生命威脅的事故和高風險的太空飛行時也是。意外事故不論大小，都呈現出阿波羅計畫最重要的遺產之一：精湛的問題解決能力，以及盡心奉獻的團隊合作。●

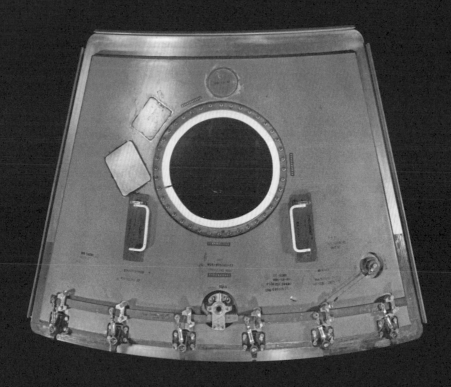

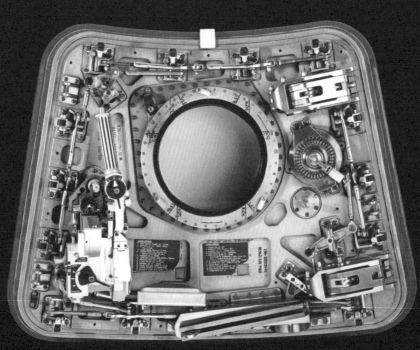

# 38 第一型內艙口，阿波羅 4 號

時間：1967 年
製造者：北美航空公司（North American Aviation, Inc.）
來源：美國加州當尼 （Downey）
材料：鋁、鋼、漆、塑膠、壓克力（Plexiglas）、泡棉、黏著劑、不鏽鋼、鈦
尺寸：約 14.6 × 106.6 × 83.2 公分

**1967 年 1 月**，美國太空計畫遭遇非常重大的挫折。阿波羅 204 太空船的座艙中由於高壓氧助長的一場火災，導致三名太空人殉職：水星和雙子星計畫老將高斯‧格里森、美國第一位進行太空漫步的太空人艾德‧懷特（Ed White），和即將進行個人第一次太空飛行的羅傑‧查菲（Roger Chaffee）。這艘太空船後來被稱為阿波羅 1 號。

這次意外的發生，是在預定的發射臺上，對整個太空船和運載火箭系統進行全面測試期間。三名太空人正準備要成為首次以新設計的三人阿波羅指揮艙在地球軌道上飛行的人。火災之後，NASA 工程師重新設計太空船的組件。為了確保未來太空人往返月球時的安全，阿波羅組件最重要的改進之一是內艙口（左頁）。

阿波羅太空船中，預定要進行第一次地球軌道載人飛行的太空船被稱為第一型（Block I），後來要飛行到月球的則稱為第二型（Block II）。因為早期的阿波羅計畫不需要太空漫步，所以第一型太空船的乘員艙優先要求密封，太空人從位於太空艙側面的門進出則成為次要。要進入艙內必須通過多重艙口：最外層是輕量化的「推進保護蓋」（boost protective cover），在發射初期通過大氣層時保護太空船；然後是一層防熱板，可以阻絕重返地球大氣時產生的高熱；最後是如照片

第228頁：要打開第一型阿波羅指揮艙艙口（上），需要特殊工具、超過一分半鐘。第二型艙口（下）使用一種幫浦機制，只要幾秒鐘就能打開。

右頁：NASA在1963年建立「載人飛行認識計畫」（Manned Flight Awareness program），加強NASA員工對飛行安全和工作品質的責任感。漫畫家查爾斯·舒茲為這個計畫的海報畫了史努比的設計，很快就成為NASA工作安全的象徵。

中的內艙口，把太空人乘坐的壓力艙密封起來。

阿波羅火災後的調查結論是，「太空人之所以無法實施緊急逃生，是由於破裂前的加壓，以及破裂後人員失去意識。」隨後調查報告建議「人員逃生所需的時間必須減少，且逃生所需的操作步驟必須簡化。」審查委員會也指出第一型指揮艙有幾個面向必須重新設計；最明顯的問題是太空人還來不及先為乘員艙減壓並打開艙口，就會因高熱和毒氣而昏厥。因此整個艙口系統改變設計。本來的多重艙口，後來改為一扇外開的鉸鏈式單一艙口。全新的程序和標準也建立起來，確保1967年1月的悲劇永遠不再重演。

同時，第一型指揮艙設計被取消認證，並指明為不適合載人飛行。不過剩下的第一型指揮艙和可拆卸式內艙口並未就此停用，有幾次無人測試仍安排使用第一型太空艙。阿波羅4號任務即以指揮艙017執行，在1967年11月9日發射，距先前的悲劇只有十個月。阿波羅4號任務計畫證明指揮艙和農神5號運載火箭（Saturn V launch vehicle）可以相容，以及從月球重返地球大氣所達到的速度下，指揮艙的熱防護系統（防熱板）能應付所需。這是一次成功的任務。●

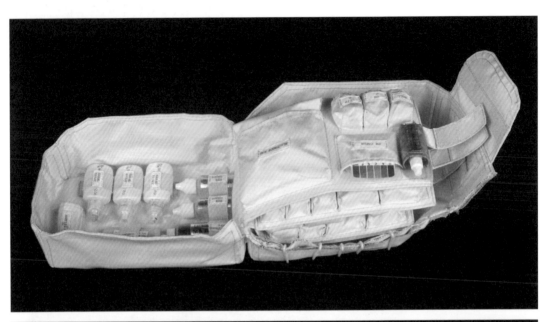

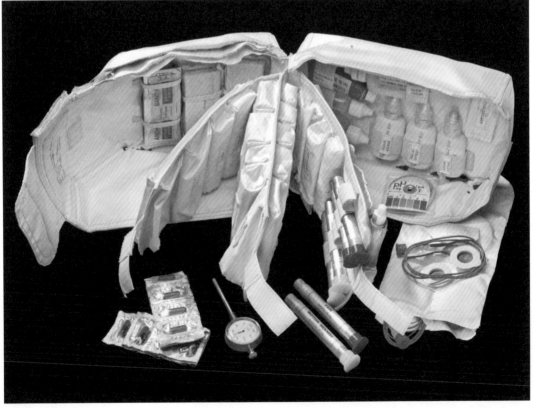

# 39 指揮艙醫療包，阿波羅 11 號

時間：1969 年
製造者：B. 威爾森公司（B. Welson & Co.）
來源：美國康乃狄克州哈特福市（Hartford）
材料：貝他布、魔鬼氈、麥拉（Mylar），其他醫療用品
尺寸：22.8 × 17.8 × 15.2 公分

**每一次的載人太空任務**，都會帶著為緊急狀況準備的醫藥用品，多數會收納成一個醫療包，例如圖中這個醫療包就存放在哥倫比亞號指揮艙上，一同前往月球。裡面包含動暈症和止痛用的注射器、一瓶 60 毫升的外傷軟膏、一瓶 30 毫升的眼藥水、鼻噴劑、壓迫繃帶和可黏性繃帶、口腔用體溫計，以及備用的太空人生醫束帶。醫療包中的口服藥包括抗生素、止吐藥、止痛藥、去充血劑、止瀉藥、阿斯匹靈、安眠藥。醫療包中要放置哪些物品，大多是根據過去任務發生的狀況，以及飛行中可能發生的醫療問題而決定的。太空人本身會接受醫療訓練，而他們的氧和二氧化碳濃度則透過生物感測器加以監測。

多年後，這個醫療包被選為一次阿波羅 11 號任務文物展的展覽品。但在巡迴展覽之前，必須先評估這個醫療包的狀況，也必須記錄醫療包的材料和構成。例如標籤、藥量記載、過去的修補記錄、使用歷史的證據、內容物的劣化、任何破損等等，都有助於訂出處理這件文物的決策。維護人員在進行這組醫療包的背景研究時，找到一些資訊，有助於決定如何修復這件太空史中重要物品的計畫。

在初期評估時，很快就發現兩個

第232頁：阿波羅11號任務的醫療包包括急救用基本必需品以及額外需求，如眼藥水、安眠藥和消脹氣藥。

問題：醫療包蓋子上的左側袋大部分都不見了，然後背面提把的右邊完全脫落，左邊也掉了一半。這些問題使它不夠牢固，不適合搬運，然而這些問題同時也是這個醫療包使用歷史的重要部分。

根據阿波羅11號任務報告，太空人在飛行中取用醫療包時，許多藥品和繃帶的包裝「因為在包裝時的抽真空程序做得不夠，變得像氣球般膨脹起來」。脹起來的體積導致醫療包無法妥當闔上，因此太空人把蓋子上的左側袋切掉，才能把醫療包關上收好。現在我們反而因此可以看到容器的層狀結構，更了解這個物品的內部構成。醫療包的外壁由七層不同材料組成，包括外側的白色貝他布外殼，以及由鍍鋁麥拉膜和另一種人造纖維（很可能是 Nomex）交替排列的五層夾層。這種層狀結構有助於隔絕輻射和溫度

變化，以及避免其他潛在的破壞如撕扯破裂。阿波羅太空人所穿的太空衣外層也有類似但更多層的結構。

任務報告也描述到這個醫療包的把手在飛行途中脫落的經過。由於這個破損是任務中發生事件的一部分，維護人員決定不把它修復到原始狀態，只幫助它維持穩定。

貝他布的破損區域過於嚴重，不適合長途巡迴展覽。和文物策展人討論過後，把手還留存、但鬆脫的那頭以棉和聚酯混紡的深藍色線補強，採用鮮明的顏色以清楚標示出修補處和原始材料的不同，而且讓這次的修補在未來可以完全移除，恢復原狀。這次修補只是為了讓把手仍能附著在醫療包背面。

至於如何穩定蓋子被切掉的那側，則費了比較多心思。在幾種可能選項之中，修復團隊選擇採用不顯眼

下圖：梅根‧吉拉德（Meghan Girard）是史密森尼國家航空太空博物館的文物修復人員，正在修復阿波羅11 號指揮艙醫療包的一個破損處。

的外加支持辦法，避免切口處綻開。團隊和一位博物館展覽專員合作，設計了一種黃銅夾子，外表附蓋白色聚烯烴熱收縮管，可以跨過切口兩側，把暴露的醫療包多層側壁內層夾住固定。然後這個醫療包就可以運送到展覽場了。●

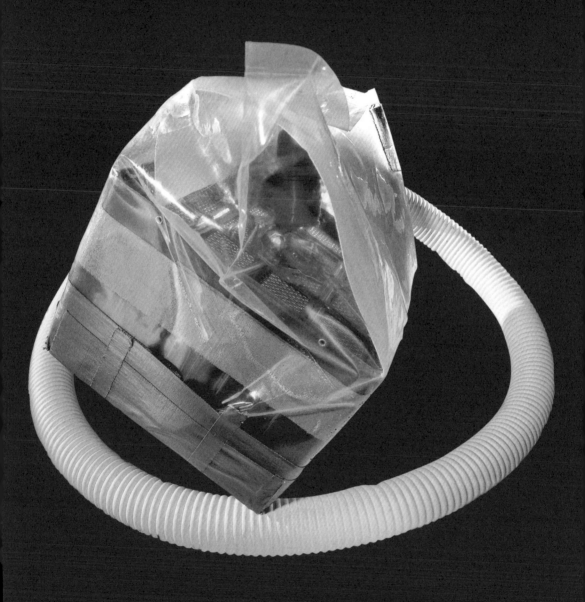

# 40 氫氧化鋰罐模型，阿波羅 13 號

時間：1975 年
製造者：NASA 詹森太空中心（Johnson Space Center）
來源：美國德州休士頓
材料：鋁、紙、塑膠、橡膠、棉、黏著劑、漆、氫氧化鋰、碳
尺寸：主體：18.5 × 18.5 × 22.8 公分；管子：132 × 3.8 公分

**「我們在地面上無聊到想哭。」** 阿波羅 13 號任務進入 46 小時，太空艙通訊員喬・科文（Joe Kerwin）這樣調侃。1970 年 4 月的這次任務，最初兩天進行十分順利。但在接下來不到十小時內，阿波羅 13 號會成為太空探索史上最危險的任務。任務進行到 55 小時 55 分鐘時，也就是 4 月 13 日美國東部時間晚間 9 點 8 分，指揮艙駕駛約翰・

「傑克」・斯威格特（John "Jack" Swigert）聽到一聲爆炸，然後看到一個警示燈亮起。他以無線電聯絡：「休士頓，我們這裡有麻煩了。」

2 號氧氣罐爆炸了。這個爆炸使得三個燃料電池中有兩個無法使用，並使 1 號氧氣罐的氧流失。阿波羅 13 號太空人距地球約 32 萬公里，指揮艙失去大部分電力和水。而解決問題的其中一個方法，是氫氧化鋰罐。這個巧妙的解決方法讓太空人善用手邊一切可用的物品，進行計畫之外的臨場發揮，解決問題，讓太空人能夠平安返回地球。左頁照片就是這個氫氧化鋰罐的模型。

爆炸之後，阿波羅 13 號太空人立刻關閉指揮艙系統。他們必須節省指揮艙僅剩的電池電力，保留到任務最後操縱太空船重返地球大氣層時使用。但是回到地球還需要四天。沒有電力，太空人連生存都成了問題。

於是太空人把水瓶座號登月艙（Aquarius）當作「救生艇」。問題是

# 「是啊，我們也希望能送一組上去給你們。這件事有點像組裝飛機模型；不過你們把這個裝置組裝好之後，它看起來會像個信箱。」

## ——1970年太空艙通訊員與阿波羅13號太空人的通話

當初工程師設計水瓶座號時只能支持兩名太空人不到三天，而不是讓三個人待四天。三個人每一次呼氣，就會使登月艙的環境系統更加吃緊。二氧化碳很快充滿太空船內。雖然登月艙配備有兩個氫氧化鋰過濾罐，登月艙移除過多二氧化碳的速度不夠快。指揮艙的過濾罐為了配合托座的形狀，很不幸地設計為箱形，而登月艙的過濾罐則是配合圓筒形的托座，設計為圓筒狀。在距離地球幾萬公里外，太空人面臨挑戰：如何把方形的物體塞入圓形的洞中。

在休士頓的任務控制中心，工程師和太空人聚集起來試圖幫忙。地面團隊使用阿波羅13號上有限的資源，包括塑膠袋、三孔資料夾裡包覆著塑膠的提示卡、登月太空衣的管子和灰色布膠帶，製作出照片裡的過濾系統，然後把製作方法透過無線電告訴阿波羅13號上的太空人。這個湊合出來的奇妙裝置運作成功。●

# 41 尤金・克蘭茲的背心，阿波羅 13 號

時間：1970 年
製造者：瑪塔・克蘭茲（Marta Kranz）
來源：美國德州休士頓
材料：布料、塑膠、金屬
尺寸：55.8 × 50.8 公分

在阿波羅 1 號任務的火災之後，飛行控制部門（Flight Control Division）副主任兼飛行控制勤務分隊（Flight Control Operations Branch）主任尤金・「金」・克蘭茲（Eugene "Gene" Kranz）寫下這段話：「從今以後，世人都知道飛行控制就代表了這兩個詞彙：強悍（tough）又能幹（competent）。」1967 年 1 月 27 日的發射演習測試中，羅傑・查菲（Roger Chaffee）、艾德・懷特（Ed White）和高斯・格里森三名太空人殉職，撼動了任務控制中心和

NASA 所有部門，刺激他們決定自己一定要「達到完美」。克蘭茲要求大家在自己的黑板上寫下「強悍」和「能幹」，要他們永遠不能擦掉。「這兩個詞彙是你能踏進任務控制中心的條件。」克蘭茲解釋。當任務控制中心面對下一次重大難關，也就是 1971 年 4 月 13 日阿波羅 13 號氧氣罐爆炸時，克蘭茲正穿著這件背心（左頁）。

阿波羅 13 號指揮艙駕駛約翰・「傑克」・斯威格特用無線電傳來「休士頓，我們這裡有麻煩了」，克蘭茲想起阿波羅 1 號火災的慘況，害怕他們也許會又失去一組太空人。任務控制中心會為每一次阿波羅任務建立必要程序，從生理監測到太空人活動到復原支持等，各種太空船的技術管理，都落在任務控制中心肩上。一但任務發生什麼差錯，任務控制中心就必須找出解決方法。當飛行控制員了解到阿波羅 13 號太空船發生了什麼問題時，「從現在開始，目標就是讓太空人活下來」，克蘭茲回憶道。多年後他反思：「太空人唯一的希望就是任務控制中心。」

# 「飛行控制員的字典裡沒有失敗二字。」

——金・克蘭茲（Gene Kranz），阿波羅13號任務飛行主任

克蘭茲是第三次試圖登月的阿波羅13號的飛行主任。他1933年出生於美國俄亥俄州托雷多（Toledo），從小就著迷於太空飛行。他在美國空軍服役並在麥克唐納飛機公司工作之後，看到NASA在1960年的《航空週刊》（Aviation Week）上刊登的「徵求幫手」啟事，前去應徵。他先任職於NASA朗里研究中心（Langley Research Center）的飛行控制勤務分隊，接著成為休士頓載人太空船中心（今詹森太空中心）飛行控制勤務分隊的主任。

克蘭茲開車上班時，常常用他的八軌磁帶錄音機在車內放音樂，例如約翰・菲利普・蘇沙（John Philip Sousa）

的〈永遠的星條旗〉（Stars and Stripes Forever），來振奮自己一天的心情。在阿波羅13號任務之前，音樂劇《毛髮》（Hair）中的曲子〈水瓶座／讓陽光進來〉（Aquarius/Let the Sun Shine In）成為他新的最愛。阿波羅13號太空人把自己的登月艙取名為「水瓶座」，而歌詞也滿符合這新的十年的第一次任務。他在4月13日把車子停進車位，接手任務控制中心的下一個輪班時，一切看起來都順利得不得了。

克蘭茲值班將近尾聲時，克蘭茲和他的團隊正試圖找出讓阿波羅13號太空人存活的辦法。有些計畫恐怕會讓太空人用光空氣和水，某些方法的速度過快，太空人不太可能存活。整個團隊在接下來40個鐘頭不眠不休地尋找解決方法。他們放棄平常的輪班，同時也要負責管理太空人的水和電。未值班的飛行控制員、太空船系統專家和太空人全都急切地想要幫忙。終於，任務控制中心擬定一個計畫，讓阿波羅13號繞過月球，給予太空船返回地球的額外推力。1970年4月17日，太空人平安在

**下圖：**阿波羅13號飛行主任（左起）蓋瑞‧格里芬（Gerry Griffin）、金‧克蘭茲和格林‧盧尼（Glynn Lunney）慶祝太空人平安返回地球。

太平洋降落。

克蘭茲的妻子瑪塔後來回憶，在阿波羅13號任務之前幾年，「金想要某種凝聚團隊向心力的象徵符號。我建議他穿上西裝背心。」任務控制中心有幾個團隊，每個團隊都有不同的識別顏色。因為克蘭茲的團隊是白色，瑪塔為他縫製了幾件白色背心。克蘭茲說他「在雙子星4號任務期間開始穿上背

心，立刻就受到矚目……從那之後，我在每次任務的第一次輪班時就會穿上一件新的背心」。克蘭茲夫婦發現，即使是像背心這樣的微小細節，也可以「在充滿風險的工作中建立團隊向心力」。瑪塔縫製的這件五扣式純白背心，不僅成為任務控制白色團隊的符號，也是任務控制中心努力不懈，只為把太空人帶回家的象徵。●

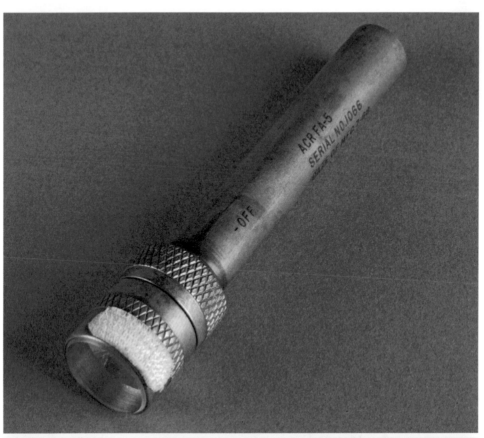

# 42 筆型手電筒，阿波羅 11 號

時間：1968 年
製造者：ACR 電子公司（ACR Electronics Corporation）
來源：美國紐約州卡來普雷斯（Carle Place）
材料：黃銅、玻璃、魔鬼氈、塑膠、黏著劑
尺寸：13.3 × 2.5 公分

**阿波羅 13 號太空人**平安返回地球後，寄了一封感謝函給紐約州卡來普雷斯的 ACR 電子公司（ACR Electronics Corporation）。感謝函的開頭這樣寫著：「貴公司為阿波羅任務供應的筆形手電筒，在目前為止所有的任務中都十分有用而可靠。」接下去又說：「然而，它在我們的阿波羅 13 號任務中，還值得更高的讚美。」阿波羅 13 號飛行途中由於氧氣罐爆炸，拖累了太空船的電力供應，迫使太空人必須節省電力，分配給太空船重返大氣層時使用。這不僅會影響到太空船的控制和溫度，也影響艙內的光線。缺乏上方照明，各種複雜的開關更變得更加難以辨識。

太空人向 ARC 解釋：「窗戶沒有陽光透進來時，我們處於長時間的黑暗中，貴公司的筆形手電筒成為我們的『視覺』。」這個小巧且而可靠的工具雖然稱不上高科技，對太空人的生存卻非常重要。太空人在執行任務控制中心的修改程序時，把小巧的手電筒「緊緊咬著」。他們可以把燈光照向太空艙的黑暗角落。即使用了好幾個鐘頭，這些手電筒仍持續照亮太空船，直到任務結束。

「阿波羅任務和它的成功，是數千人的奉獻、能力和辛勤工作的結果。」太空人在寫給 ACR 電子的感謝函中說：「付出貢獻的人太多了，有時我們太空人也會在無意間忽略。」為

# 「阿波羅任務和它的成功，是數千人的奉獻、能力和辛勤工作的結果。」

### ——阿波羅13號太空人

了保證他們並沒有忘記這支小巧的筆形手電筒的功勞，小詹姆斯‧洛維爾、小弗烈德‧海斯（Fred Haise, Jr.）和小約翰‧斯威格特（John Swigert, Jr.）寫著：「對於貴公司的產品，以及貴公司全體人員使它成為好產品的心力，我們感銘在心。」

第 244 頁照片中的手電筒，和阿波羅 13 號太空人在感謝函中描述的手電筒是同一型號，是阿波羅 11 號太空人麥可‧柯林斯在任務中使用過的。NASA 給每位太空人自己的筆型手電筒，並在太空船中存放了額外的手電筒。因為即使在沒有意外時也十分實用，這種手電筒成了所有任務的標準配備。

在雙子星計畫期間，ACR 以塑膠製作部分手電筒的外殼，但在阿波羅 1 號火災之後，他們開始改用不可燃、防腐蝕的黃銅為材料。開啟光源的方式是扭轉燈頭。手電筒側面有一條魔鬼氈，可以固定在太空艙中各個不同地方。指揮艙中存放的手電筒多達五支。雖然 ACR 電子公司的筆形手電筒設計簡單，卻是效率高又耐用，而這正是阿波羅計畫要求的兩個重要條件。

1981 年 12 月，洛維爾再次寫到這個筆形手電筒，因為他發現「它收在我書桌的抽屜中。它不只像我們在信裡提到的，在阿波羅 13 號中發揮功能，而且到現在還能用 那次飛行之後都還沒換過電池呢。」●

下圖：吉姆・洛維爾在黑暗的登月艙中小睡片刻。此時
筆形手電筒和輔助光源對於操作十分重要。

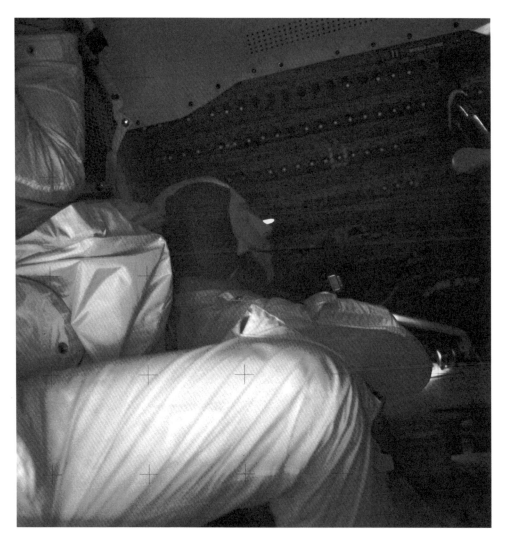

○   247

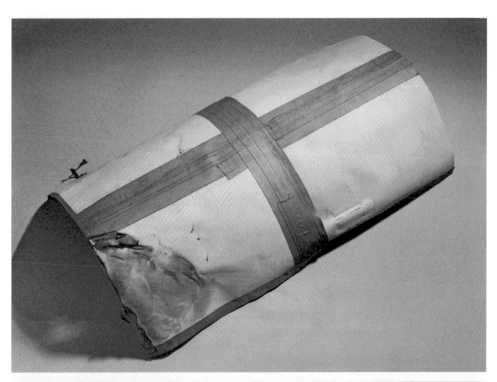

# **43** 月球車替換用擋泥板

時間：1972 年
製造者：尤金・塞爾南和哈里森・施密特
來源：月球
材料：地圖、膠帶
尺寸：50.5 × 24 ×13.5 公分

「慘了！」指揮官尤金・「金」・塞爾南（Eugene "Gene" Cernan）驚呼。「擋泥板掉了。」那是 1972 年 12 月最後一次阿波羅任務期間，在第一次月球漫步時，放在塞爾南太空衣腿部口袋的槌子勾到月球車右後輪的擋泥板，意外把擋泥板的延伸部分扯下來。「噢，糟糕！」同伴哈里森・「傑克」・施密特反應。塞爾南告訴任務控制中心：「我真不想這麼說，但我必須設法把擋泥板裝回去。」

他們花了大約 12 分鐘，試圖用膠帶把擋泥板的加長部分黏回月球車。塞爾南解釋：「我要再貼幾段這種好用的美國製灰色膠帶……然後看看能否確定它會黏住。」但是月球上的塵土立刻沾上膠帶的黏著面，使這種強力布質膠帶失去黏性。一條條膠帶都沾滿沙塵。他們一度以為擋泥板的延伸部分已經固定好了，但月球車行駛在不同實驗地點之間時，擋泥板失蹤了。而當施密特和塞爾南駕駛著沒有加長擋泥板的月球車時，右後輪甩起大量塵土，把他們覆蓋在雲霧般的月球物質之中。施密特驚呼：「我這邊一直在下雨。」

這並不是月球上發生的第一起擋泥板意外。阿波羅 15 號任務時，左前輪擋泥板的一部分遺失，而阿波羅 16 號任務中，右後輪擋泥板的加長部分也被太空人碰掉，使太空人遭受到類似的月球沙塵圍攻。事實上，噴濺起來的塵土多到艙外活動結束時，約翰

第248頁：阿波羅17號登月艙這個特製的擋泥板替代品，是由灰色膠帶和堅硬的地圖紙製作的，現在上面仍沾著月球的沙塵。

右圖：擋泥板加長部分的替代品透過兩個夾子固定在月球車上。如果沒有這個代用品，太空人駕駛月球車時會被月球塵土噴得滿身。

‧楊和查爾斯‧杜克必須把太空衣的腿部用袋子包起來，避免塵土堵住太空衣上的接頭。但脫下太空衣放入袋子中時，卻無法避免讓自己的手沾到塵土，之後在太空艙內到處留下灰黑色的手印。

擋泥板的延伸部分是浸過環氧樹脂的玻璃纖維，在月球車移動時扮演擋掉塵土、避免塵土噴濺於月球車和太空人的重要角色。如果深色的月球塵土累積起來，不僅會吸收太陽的熱而導致設備變得更熱，也會汙染相機鏡頭、堵住接縫，且所有可活動部件的縫隙似乎全都會堵塞。太空人從護目鏡上擦掉過多的沙塵時，因為月球沙塵比地球上的沙子更粗，有時會把護目鏡刮花。「噢，真是的。」塞爾南不高興地說，「我最討厭的就是少了那個擋泥板。很多事情我可以忍，但我非常不喜歡這件事。」

任務控制中心的工程師著手尋找解決方法。他們要太空人描述破損的

23

外觀，了解遺失的是本來掉下的部分，還是新的破損，然後向太空人保證「你們先睡覺，我們會研究這個問題。」阿波羅 17 號的飛行組員支援小組（Flight Crew Support Team）由泰利‧尼爾（Terry Neal）帶領，他們評估太空人可用的設備和工具，然後設計一種即時修理方法。阿波羅 16 號太空人約翰‧楊在地球上根據程序動手進行修理，好確認太空人在龐大的艙外活動衣中仍可以執行安裝步驟。

當太空人吃著冷冷的炒蛋當早餐時，楊從任務控制中心向他們描述擋泥板的修復程序。他解釋：「嘿，我們花了些時間處理這個擋泥板問題，找到一個簡單又直接的解決方法。」他要太空人從月面地圖中取下四個不用的頁面，這些地圖基本上就是堅硬的 20 × 25.4 公分相紙，然後在登月艙中把它們黏貼成約 38 × 26.5 公分的一片紙板，再把這張大紙板拿到月球車那裡，覆蓋在擋泥板架子頂上，用固定

夾把它固定住。整個過程花了七分鐘，而且證實足夠堅固，足以支持整個任務剩下的時間。

施密特佩服支援團隊的智慧，說：「地面人員實際上設想了我們在太空中的所有細節，檢查物品清單，然後以團隊的力量，設法想出利用我們手上僅有的東西來解決問題的可行辦法。」

最後一次艙外活動結束時，塞爾南弄下其他三個擋泥板以及用地圖製作的替代品，收入登月艙，帶回地球。他說：「想想看，像月球車的擋泥板掉了這麼小的事，就有可能使任務的其他部分都失敗……我知道我們必須找出解決辦法；然而我也有信心我們一定找得到。」●

# 尼克森的演說

在阿波羅 11 號任務前，太空人兼白宮聯絡人法蘭克·鮑曼聯繫美國總統理查·尼克森的演說撰稿人威廉·沙費爾（William Safire），談論意外事件潛在的政治影響。鮑曼強調：「萬一發生事故，你必須為總統設想替代的表態方式。」因此沙費爾為尼克森擬了一份較嚴峻、但保持正面態度的演講，以備尼爾·阿姆斯壯和巴茲·艾德林萬一困在月球上時，尼克森要向全世界傳遞的訊息。

這份備忘錄是設想萬一阿波羅11號太空人受困無法離開月球表面時，尼克森將發表的演說。

To   :   H. R. Haldeman

From:   Bill Safire                    July 18, 1969.

--------------------------------------------------------------

IN EVENT OF MOON DISASTER:

      Fate has ordained that the men who went to the moon to explore in peace will stay on the moon to rest in peace.

      These brave men, Neil Armstrong and Edwin Aldrin, know that there is no hope for their recovery.  But they also know that there is hope for mankind in their sacrifice.

      These two men are laying down their lives in mankind's most noble goal:  the search for truth and understanding.

      They will be mourned by their families and friends; they will be mourned by their nation; they will be mourned by the people of the world; they will be mourned by a Mother Earth that dared send two of her sons into the unknown.

      In their exploration, they stirred the people of the world to feel as one; in their sacrifice, they bind more tightly the brotherhood of man.

      In ancient days, men looked at stars and saw their heroes in the constellations.  In modern times, we do much the same, but our heroes are epic men of flesh and blood.

-2-

      Others will follow, and surely find their way home.  Man's search will not be denied.  But these men were the first, and they will remain the foremost in our hearts.

      For every human being who looks up at the moon in the nights to come will know that there is some corner of another world that is forever mankind.

PRIOR TO THE PRESIDENT'S STATEMENT:

      The President should telephone each of the widows-to-be.

AFTER THE PRESIDENT'S STATEMENT, AT THE POINT WHEN NASA ENDS COMMUNICATIONS WITH THE MEN:

      A clergyman should adopt the same procedure as a burial at sea, commending their souls to "the deepest of the deep," concluding with the Lord's Prayer.

阿波羅13號太空人平安返回地球後，總統尼克森飛到夏威夷，迎接弗烈德・海斯（Fred Haise）、詹姆斯・洛維爾和約翰・斯威格特（John Swigert）（左起），並頒發總統自由勳章。

# 返回地球

# 「地球啊，
你的海洋
真不錯……」

阿波羅 11 號太空人麥可・柯林斯乘著哥倫比亞號指揮艙降落在太平洋上多年之後，這麼回憶道：「我還記得那美麗的海水，我們就在廣大無邊的太平洋中央。那是令人目眩的紫色。我記得我看著海洋，內心十分讚嘆：『地球啊，你的海洋真不錯。』」

眾多阿波羅太空人帶回來的除了月岩以外，也帶回了新的眼光，變得更加能夠深刻地欣賞自己的行星。他們身為最早離開地球的人類，從太空中看到的故鄉深深衝擊了他們的世界觀。降落在紫色的太平洋之後，他們也把自己的新視角和經驗分享給世界各地的人。

在阿波羅 11 號任務後的一次外交訪問上，柯林斯在白金漢宮告訴英國女王伊莉莎白和其他人，他希望「把全世界的政治領袖帶到 16 萬公里上空，讓大家回頭看看沒有國界的地球，以及不同國家之間的差異有多麼小。」

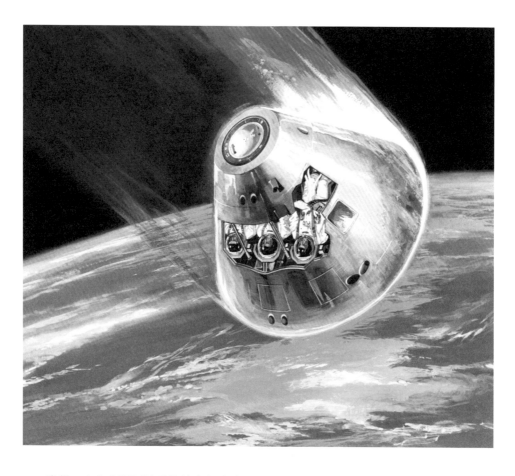

當然，太空人回到地球的故事包含降落、回收和飛行後的檢疫等技術上的發展。但這個太空計畫還有更長期而廣泛的影響力，是來自太空人的外交行動、國際合作夥伴的貢獻，還有全球數十億人對阿波羅計畫共有的熱情。●

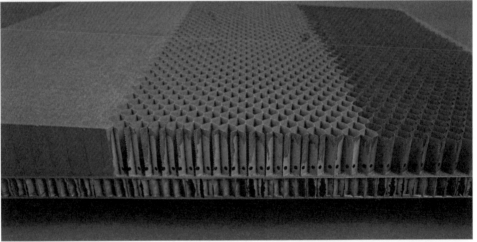

# 44 阿波羅防熱板的製造模型

時間：1975 年
製造者：艾夫科公司（Avco Corporation）
來源：美國麻薩諸塞州威明頓（Wilmington）
材料：不鏽鋼、玻璃纖維、酚樹脂、多種塗層
尺寸：45.7 × 6.4 × 122 公分

「現在已經無法回頭了。」阿波羅 8 號開始重返大氣層時，太空人比爾・安德斯（Bill Anders）對同伴說道；那時是 1968 年 12 月 27 日。不久他們發現窗外出現一層霧。安德斯和吉姆・洛維爾一開始以為是日出，但隨即發現那是太空船周圍離子化氣體發出的光。指揮官法蘭克・鮑曼指示：「坐穩了，這段行程不是鬧著玩的。」指揮艙以 4 萬公里時速劃破地球大氣前進時，摩擦熱開始升高到攝氏 2700 度，而指揮艙新穎的防熱板是新穎的燒蝕性材料，以樹脂、纖維和填充材料混合而成，能擋住這種極端高溫，保護裡面的人類。

太空飛行重返大氣層時，有三類熱防護方法：被動、半被動和主動。對水星、雙子星和阿波羅計畫，NASA 用的是以燒蝕概念為基礎的半被動系統，在這種系統中，材料變熱時會分解為氣體，而燒蝕材料蒸發時就會把熱從太空艙帶走。這種方法的困難在於重返大氣過程中燒蝕材料會燃燒起來。在 1960 年代，還沒有已知的合金可以承受重返大氣層時的高熱，而且要夠輕，才能發射到太空。NASA 選擇了以化學方法構成的燒蝕材料，而早期的蘇聯太空船則是選用橡木。

燒蝕材料要覆蓋整個指揮艙的不鏽鋼外殼，但避開窗子和排氣口。它是玻璃纖維製作的蜂巢狀結構，浸入

**第260頁：**這個由製造商提供的模型呈現出防熱板的七層構造。每一層都各有功能，來保護太空艙承受的高熱和壓力。

**右頁：**工程師正開始安裝指揮艙防熱板。

**第264-265頁：**這張照片稱為〈地出〉（Earthrise），是太空人比爾‧安德斯在阿波羅8號任務期間拍攝的。美國總統林登‧詹森在他任期將屆時所做的最後幾件事之一，是寫卸任信給全世界的國家領袖，信中就附了這張照片。

酚樹脂（phenolic resin），以環氧樹脂黏著劑接合；這層燒蝕材料厚度不一，最厚處約 7.5 公分，最薄處不到 2.5 公分。技術人員把油灰一樣的黏稠物質注滿蜂巢格子，然後用 X 光檢查整個指揮艙，確保結構沒有破洞、空洞和缺損，如果檢查通過，就讓黏稠物質凝固，之後再以 X 光檢查一遍。

太空船圓鈍的船身可以確保它在高層大氣儘早開始減速，限制摩擦熱的強度。雖然太空船的形狀如果較尖細，比較容易畫過高層大氣，但因為在密度較大的低層大氣會大幅減速，最終會導致溫度更高。鈍形和窄形太空船的總熱負荷相似，而鐘形的阿波羅指揮艙必須承受的溫度較低，儘管時間會延長。在發展防熱材料時，較低的溫度對工程師來說還是容易處理得多，就算只是稍微低一點。

重返大氣層時溫度會變得很高，

連原子中的電子都會被剝奪，形成發光的電漿吞噬指揮艙。阿波羅 8 號太空人看到的光，比先前的雙子星和水星任務都要亮，這是因為他們的太空艙從月球返回時，是以更快的速度進入地球大氣。電漿發出的光常被描述成強烈的白色，亮到有些太空人必須把眼睛遮住。而隨著密度愈來愈高的大氣使太空船減速，太空人在座椅上承受的重力加速度超過 6g。經過幾天無重力的生活後，這樣的壓力在太空人感覺起來可能更強烈。從地球上看起來，阿波羅太空船就像一顆流星。

第 260 頁最上方照片中展示的模型，是防熱板的各個製作階段。首先最左側是不鏽鋼板加上蜂巢狀的基材。接下來是黏著劑，然後分別是未注油的玻璃纖維蜂巢、注油的蜂巢、接著每格蜂巢都填滿未固化的酚樹脂。然後是固化的燒蝕材料、密封膠，最後是防

熱塗料。負責發展、設計、測試和生產阿波羅防熱板的是艾夫科公司（Avco Corporation），是 NASA 指揮艙承包商北美航空公司（North American Aviation Company）之下的轉包商。他們在 1975 年把這個製造模型和一個防熱板樣本提供給史密森尼學會。●

265

# 45 阿波羅 16 號主傘

時間：1971 年 10 月
製造者：諾斯羅普・文圖拉（Northrop Ventura）
來源：美國加州紐伯里公園（Newbury Park）
材料：尼龍、鋁、人造纖維、鋼、塑膠、黃銅
尺寸：直徑 22.94 公尺

**美國工程師**把太空船設計成海面降落。雖然在水上降落較安全、較軟，比起地面著陸，重返大氣時可容許較大的誤差，但讓太空艙減速仍然有很大的挑戰性，即使擁有設計精良的降落傘也一樣。如同阿波羅 17 號太空人羅恩・伊文斯（Ron Evans）的報告，「和水接觸時的撞擊力很大」，阿波羅 11 號太空人麥可・柯林斯的看法也一樣，他說：「碰！像撞上一大堆磚塊。」

水星計畫在進行早期的著陸測試時，降落傘常發生一種被工程師稱為「烏賊化」（squidding）的現象。因為高海拔的稀薄大氣會讓降落傘無法完全撐開，所以不會呈圓頂狀，而像瘦瘦的烏賊。NASA 解決這個問題的方法，第一步是用阻力傘（drogue chute）來穩定和減慢太空船，然後再使用一組三個條帶式環帆降落傘（ribbon ring-sail parachute）作為主傘。這種傘是由諾斯羅普公司（Northrop）工程師狄奧多・內克（Throdor W. Knacke）研發出來的，它不是一面完整的布料，而是由條帶連接在一起，中間有一圈環形的洞。這個設計讓空氣可以穿越降落傘的縫隙，在高速時穩定性更佳。雙子星計畫使用同樣的系統，雖然 NASA 有一些工程師主張用充氣式滑翔翼來著陸。

阿波羅計畫的降落傘系統，是由北美洛克維爾公司（North American Rockwell）和諾斯羅普與 NASA 合作發展。雖然 NASA 也委託其他公司研

**第267頁：**阿波羅16號藉由三個直徑26公尺的降落傘減速降落太平洋，此時幫助主傘張開的小型導傘仍開著。

**下圖：**阿波羅16號的其中一個主傘。條帶式環帆降落傘的空隙在高速中提供更佳的穩定性。

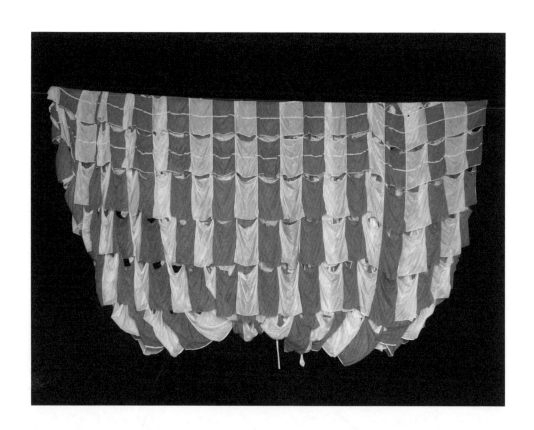

究不同降落方式，包括一種可操縱的陸地降落，但考慮時間限制和計畫的整體背景，水上濺落（splashdown）仍是最實際的選項。工程師根據水星和雙子星計畫期間的經驗，設計了一個完整的冗餘系統作為備用，希望不管在「正常」或緊急狀況都能保證太空人的安全。例如，如果三個主傘之中有任何一個未能展開，另外兩個傘仍能使指揮艙速度減到太空人能承受的

40 公里時速。這個應變計畫在 1971 年阿波羅 15 號重返大氣層時實行了，那時因為一個噴氣操縱系統有燃料漏出，導致其中一個傘癟掉。

阿波羅 16 號任務指揮艙卡斯帕號（Casper）從月球飛回來，在太平洋安全降落，這要感謝它巨大且多部組成的降落傘（左頁）。和計劃一樣，在大約 7300 公尺高時，兩個直徑 5 公尺的條帶式阻力傘先進行初步減速，並且穩定太空艙。然後在大約 3000 公尺高處，釋放阻力傘，張開小型的導傘，繼而打開三個主傘。

這些降落傘產生的拉力，讓太空艙從令人粉身碎骨的 280 公里時速減低到較緩和的 35.5 公里。主降落傘以 27.5 度的斜角拉著太空船，確保指揮艙以斜角觸及水面，這樣的配置是為了減少濺落時的力道。然後主傘會脫離太空艙。如果太空艙翻覆，導致太空人上下顛倒，組員可以手動打開機

「一陣輕微的抖動，然後就出現了！老天，真是壯觀的景象，巨大的橘色和白色圓形……以令人放心的三個一組綁在一起出現。能有兩個完全撐開我們也能在水上安全濺落，但三個實在好多了！」

——麥可・柯林斯，
阿波羅 11 號太空人

鼻的漂浮袋讓太空艙翻回來，等待回收人員游泳前來幫助太空人出艙。●

# 46 活動檢疫設施，阿波羅 11 號

時間：1967 到 1969 年

製造者：Airstream 公司（Airstream, Inc.，轉包商）、Melpar 公司（Melpar Corporation，承包商）

來源：美國俄亥俄州傑克森中心（Jackson Center）；維吉尼亞州瀑布教堂（Falls Church）

材料：鋁、玻璃

尺寸：高 2.62 公尺、寬 2.74 公尺、長 10.67 公尺

重量：5670 公斤

在第一次登陸月球的五年前，科學家在美國國家科學院（National Academy of Science）聚會討論「來自其他行星的返航感染的潛在危險」。月球任務太空人會不會帶回致死的月球微生物？為了防範引入瘟疫，甚至更糟的狀況，NASA 在德州休士頓的載人太空船中心

發展了「月球物質回收實驗所」（Lunar Receiving Laboratory, LRL）。LRL 包含生活區和醫療設施，也包含可以把月球物質隔離開封、進行研究的區域。但是太空人會降落在太平洋，距離 LRL 幾千公里遠。Melpar 公司被找來解決這個問題，發展「活動檢疫設施」（Mobile Quarantine Facility, MQF）。

根據 NASA 的合約，MQF 必須不透水也不透氣，並且足夠讓六個人以尚可接受的條件生活達五天之久。它也要能夠以船艦、飛機以及陸上交通工具運送。由於這個計畫的時限緊迫，也為了降低成本，Melpar 購買市售的 Airstream 拖車，再改裝成符合 NASA 的需求。Airtream 的總裁阿爾特·柯斯特洛（Art Costello）很興奮：「一般而言，成為太空計畫的副產品會有很多益處……但這一次，我們竟能夠把地球的消費者產品貢獻給太空計畫。」

1967 年 6 月，Airstream 把他們位於俄亥俄州傑克森中心（Jackson

Center）工廠的四輛露營拖車送去給維吉尼亞州瀑布教堂（Falls Church）的Melpar公司。這些拖車包含許多標準配備：淋浴、水槽、鏡子等，但都安裝在沒有輪子的特殊基座上。Melpar安裝排氣扇和過濾器，以降低拖車內的氣壓；這是為了不讓任何大於0.5微米（約相當於美國一角硬幣厚度的千分之二）的東西洩漏出去所做的措施之一。

由於MQF需要移動和搬運，為了結構上的剛性，它的下部結構由擠製鋁（extruded aluminum）構成。Melpar共交出四個MQF，加上35個輸送隧道和90個分離生物性物質的容器給

NASA，時間就在阿波羅11號任務在卡納維拉角發射前幾週。這四部改裝的Airstreams拖車總共要價25萬美元。

哥倫比亞號濺落後，生物隔離衣會從打開的艙口投入指揮艙中。太空人穿上隔離衣後，在被接上直升機前，穿著特殊防護衣的游泳救援人員會先用消毒劑擦洗太空人。直升機上的乘員也都穿著防護衣。當直升機和太空人登上大黃蜂號時，MQF和NASA航空醫官威廉・卡邦提耶（William Carpentier）等待著太空人，還有一名機械工程師約翰・平崎（John K. Hirasaki），已經在MQF裡面等候。然後太空人去沖澡，這是八

第271頁：阿波羅任務的活動檢疫設施是由Airstream拖車改裝。
現在在國家航空太空博物館的烏德沃－哈齊中心（Udvar-Hazy
Center）展示。

下圖：阿波羅11號太空人（左起）：麥可・柯林斯、巴茲・艾德
林和尼爾・阿姆斯壯，三人濺落後不久在大黃蜂號航空母艦上的
活動檢疫設施中補看過去幾天的世界大事。

天以來的第一次，使用過的洗澡水全部
儲存在隔離容器中。然後他們透過麥克
風和美國總統尼克森通話，之後享用牛
排和馬丁尼。

大黃蜂號抵達夏威夷珍珠港時，
MQF透過起重機卸放到大貨車上，然
後被載到希肯空軍基地（Hickam Air
Force Base），再轉到一架貨機上，當

然太空人一直在裡面。MQF 裝有飛機座椅，附有安全帶，以維護全體人員在飛行中的安全。MQF 降落在德州的艾林頓空軍基地（Ellington Air Force Base）後，再由大貨車運送到載人太空中心的 LRL。

太空人的妻子們分別穿著白色、藍色和紅色的洋裝，在休士頓會見依然密封的 MQF。88 小時之後，阿波羅 11 號太空人結束他們在狹窄 MQF 中的檢疫。兩週後，NASA 科學家有信心太空人並未攜帶任何致死的月球微生物回到地球。整個檢疫過程都和太空人在一起的平崎開玩笑說：「有人說我是神經病，但那不是我感染到的。」

Airstream 露營拖車俱樂部（Airstream Travel Trailer Club）頒贈榮譽終身會員給太空人，Airstream 的總裁也說太空人可以「在地球上任何地方隨意使用」他們提供的拖車和牽引車。

阿波羅 12 號和 14 號任務的太空人也使用了 MQF（阿波羅 13 號因為取

# 「外星生命存在的可能性，代表生物有可能隨著太空任務一起回到地球。」

—— 「來自其他行星的返航感染的潛在危險」研討會，1964年7月29-30日

消登月，太空人在飛行後並未接受檢疫）。到了 1971 年 7 月的阿波羅 15 號任務時，月球病原不再被視為一種威脅，所以在 MQF 的生物隔離作業也就廢止了。●

# 47 阿姆斯壯的
儲藏袋

時間：1969 年
製造者：NASA
來源：美國
材料：貝他布、塑膠
尺寸：26.7 × 20.3 × 31.8 公分

**2012 年 8 月**，第一位踏上月球表面的人類尼爾・奧爾登・阿姆斯壯辭世，美國國家航空太空博物館的人員和全世界的人同表哀傷。不久，阿姆斯壯的家屬聯繫博物館，因為他們在阿姆斯壯的自宅辦公室找到一些物品；他的文件已經安排好要存放在母校普渡大學（Purdue University），但其他物品和文物則還未決定去向。博物館的策展人亞倫・尼戴爾（Allan Needell）和兩位同事前往俄亥俄州，幫忙清點、評估這些物品，看到的主要是勳章、獎座、模型和一些小器材與衣物。他們幫忙判斷哪些物品可能有歷史重要性，並需要特殊資源來保存和展示。

幾週後，尼戴爾接到尼爾的遺孀卡蘿・阿姆斯壯（Carol Armstrong）的電子郵件。她在他們的一個衣櫃裡找到一個白色布袋，裝滿了看起來像是來自太空艙的各式物品。她想知道博物館是否也有興趣，還附上一張照片，是這個袋子和在地毯上擺出來的內容物。

這個袋子本身很好辨認，太空人稱之為「麥克迪維特包」，是開關方式有點像口金包的儲藏袋。阿波羅 9 號任務指揮官吉姆・麥克迪維特（Jim McDivitt）最先提出他們需要像這樣的袋子，在時間不夠把物品全部放回原位時，可暫時存放在袋子裡。這個袋子的正式名稱是「臨時儲藏袋」（Temporary Stowage Bag, TSB），發射期間存放在登月艙，位於艙口左側指揮官工作站前的凹槽內。

這一次，尼戴爾召集的團隊除了

尼爾・阿姆斯壯把裝在「臨時儲藏袋」中的夾子、繩索、相機和其他設備帶回家。這個袋子又稱為「麥克迪維特包」。

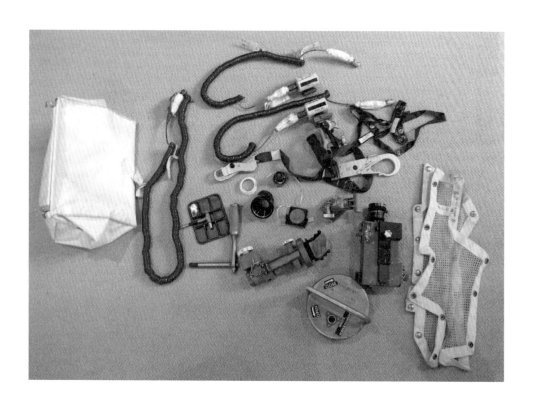

他博物館同事，還有在《阿波羅月面記錄》（Apollo Lunar Surface Journal, ALSJ）網站上合作的專家，這個網站詳細記載了阿波羅計畫的所有面向。他們的目標是確認這些物品是否確實曾在歷史性的阿波羅 11 號登月艙老鷹號中飛行過。團隊先仔細檢查阿姆斯壯的 TSB 和內容物，不只確認零件、序號和其他具體證據，也比對當時太空人和任務控制中心對話的錄音。他們聽到，當阿姆斯壯和巴茲・艾德林回到月球軌道上的指揮艙，和麥可・柯林斯會合後不久，阿姆斯壯說：「你知道，那包東西是一堆我們要帶回去的垃圾，包括登月艙零件和雜七雜八的東西，它關不起來，我們必須想點辦法。」稍後，阿

巴茲‧艾德林在登月艙中系統檢查期間，拿著一個臨時儲存袋。

「對於網路中的每個人，你們確保每顆電子都在正確的時間落在正確的位置，而且不只在阿波羅11號任務期間如此，我想向你們說聲謝謝。」

——尼爾‧阿姆斯壯，在戈達（Goddard）太空中心對追蹤網人員的談話，1972年3月18日

波羅 11 號太空人對任務控制中心描述那同一個裝了「雜七雜八的東西」的容器，裡面裝了「10 磅重的登月艙雜項器材」。因為哥倫比亞號任何重量的增加和位置都要仔細記錄下來，才能精確計算回程的軌跡和重返大氣層的參數。

在這之後，博物館團隊又下了更多苦工，終於可以幾乎完全確定裡面每樣物品都來自老鷹號登月艙。阿姆斯壯的「包包」和裡面所有物品，現在都成為史密森尼美國歷史國家博物館的收藏品，得到仔細保存。每一件物品都有可能幫忙述說人類第一次前往另一個星球的故事，也呈現出這些文物對至少其中一名參與者的意義。例如，被選上送回地球的其中一個物品，是兩條腰繫繩之一，目的是預防萬一登月艙和指揮艙在月球軌道上重新連結時發生問題，太空人必須靠太空漫步從登月艙移動到指揮艙。關心阿波羅任務的人早就知道這個故事：尼爾‧阿姆斯壯在月球表面唯

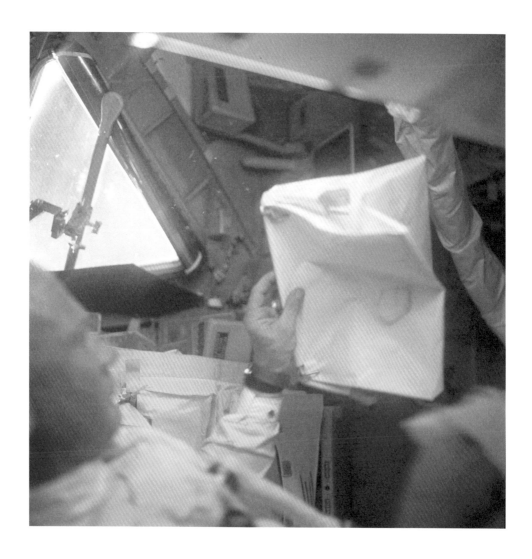

一一次休息期間，曾用腰繫繩把腳吊起來，以便在有限空間裡找到腳可以伸展的位置，小睡一番。洩漏這條繫繩身分的，是上面沾有登月艙內部的塗料，因此確認了這條繫繩曾經發揮過那個臨機應變的功能。因為阿姆斯壯把這條繫繩扔進袋子裡，使得登月故事能因為這件文物以及袋中許多物品鮮活地呈現出來，而不只是在太空人返回地球後，透過口頭上的技術彙報所傳達的故事。●

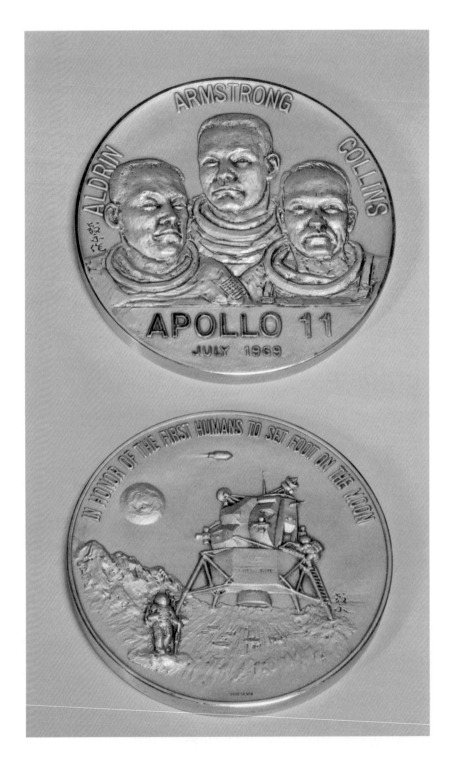

# 48 尼爾·阿姆斯壯的世界巡迴勳章，阿波羅 11 號

時間：約 1969 年
製造者：松本徽章工業（Matsumoto Kisho Industries）
來源：日本
材料：銀
尺寸：10 公分

**1969 年 11 月**，阿波羅 11 號任務成員的車隊穿過東京街頭時，幾千名圍觀的人向他們撒彩色碎紙、揮舞日本和美國國旗，用日本傳統方式歡呼：「萬歲！」這是在美國總統尼克森要求下，阿波羅 11 號太空人進行的世界親善訪問，東京是最後一站。1969 年秋天「一大步」（Giant Step）巡迴訪

問期間，太空人和他們的妻子以及許多支援人員拜訪了超過 20 個國家。在東京，阿姆斯壯、艾德林和柯林斯會見了日本首相佐藤榮作，他把日本的文化獎章別在太空人的領子上，這也是外國人首次獲此殊榮。昭和天皇也是美國國務院認定的太空探索愛好者，稍後也在皇居接見太空人和他們的妻子。左頁的紀念銀勳章由松本徽章工業（Matsumoto Kisho Industries） 鑄造，很可能是在阿姆斯壯旅日期間頒贈給他的。

自從太空時代開始之後，蘇聯和美國為了向日本推銷自己的太空成就，都做了許多投資。冷戰時期全球政治勢力的競爭中，美國和蘇聯政治人物都常常拜訪日本，正如美國國務卿約翰·福斯特·杜勒斯（John Foster Dulles）說過的：日本是「未來亞洲經濟的樞紐」。尤里·加蓋林在 1961 年成為第一位上太空的人類之後，在

「日本人關心我們計畫的程度，就像是他們自己的計畫一樣。」

——水星計畫太空人約翰・葛倫
對美國總統尼克森所言

國際親善訪問中拜訪日本。第二年，約翰・葛倫成為第一個環繞地球軌道的美國人之後，美國在東京展示他使用的友誼 7 號太空艙，幾小時內就吸引了超過 1 萬 2000 人前來，四天內就有超過 50 萬人次參觀展覽。一年後，葛倫本人和家人一起拜訪日本時，美國駐日大使賴世和（Edwin O. Reischauer）興奮地表示他們「適切展現了典型的美國美德」，以及「這是第一次，許多人看起來終於認可美國太空計畫比蘇聯更開放。」

首度成功登月前，有將近一百萬人參觀了 36 個散布在日本各地的阿波羅 11 號展覽。聚集在阿波羅 11 號任務發射地點卡納維拉角的外籍記者中，超過八分之一是日本人。估計有超過 90% 的日本人觀看這次任務的電視報導，表現出的興趣是全世界所有國家中數一數二的。在這次任務期間，美國駐日本大使館收到許多禮物，從祝好運的紙鶴、藝術品到祝福的書信都有。在 1970 年於大阪舉行的世界博覽會中，美國展示阿波羅 12 號太空人採集到的一個大型月岩，吸引了大約 1800 萬觀眾前來。

阿姆斯壯在 1971 年 8 月再次訪日。他在富士山山腳，對著來自全球 90 個國家參加世界童軍大露營（Boy Scout Jamboree）的 2 萬 3000 名童子軍演講，強調太空計畫和童軍有同樣的目標：促進地球上所有國家所有人的彼此了解和合作。阿姆斯壯在阿波羅 11 號任務之後拜訪世界各地時，也

下圖：世界各地的人在電視上觀看阿波羅11號的月球漫步，就像照片中這戶日本東京的家庭。

經常傳遞這樣的訊息。例如，在一次美國聯合服務組織（USO）巡迴到曼谷時，一名士兵問：「我想知道美國為什麼對月球而不是對越南的衝突感興趣。」阿姆斯壯回答：「這是很棒的問題……太空活動的其中一個好處是促進國際間的了解，讓不同國家在許多層面能夠相互合作，在未來也繼續下去。」對於阿波羅計畫和國際關係的連結，這個勳章只是其中一個具體呈現。●

# 賽門·波爾金，
# 美國新聞總署
# 科學顧問

**阿波羅 11 號太空人**在 1969 年 7 月從月球返回地球後，美國總統尼克森幾乎立刻就急著要太空人展開全球外交訪問。尼克森看出這樣的行程在外交關係上的益處，他催促自己最信任的顧問，包括亨利·季辛吉（Henry Kissinger）、彼得·弗拉尼根（Peter Flanigan）和 H. R. 哈德曼（H. R. Haldeman）親身參與規劃。尼克森和之前的美國總統都相信太空計畫的成就能影響國際間對美國政策的支持。這個總統指派的親善訪問之旅被命名為「一大步」，在 1969 年秋天，太空人拜訪每個大陸上的每座主要城市，在朋友和太空人之間被稱為「賽」（Si）的賽門·波爾金（Simon Bourgin），則幫助太空人了解各地政治環境。

　　阿波羅太空人不僅仰賴波爾金在外交活動之前對各個國家的簡報，也在太空飛行的公共關係面向上信任他的指引。波爾金是俄羅斯猶太移民之子，出生在邊界水域（Boundary Waters）邊緣的一個小城，那裡是跨越明尼蘇達州和俄亥俄州的大片荒

賽門・「賽」・波爾金（Simon "Si" Bourgin）作為美國新聞總署的科學顧問，幫助阿波羅太空人進行全世界的外交訪問。

野。很巧的是，阿波羅 15 號任務太空人在 1970 年 10 月的訓練期間，拜訪了波爾金出生的小城，因為明尼蘇達州的伊里（Ely）有一塊稀有的綠岩，稱為「枕頭石」（Pillow Rock），在化學組成上與月岩很類似。

波爾金在芝加哥大學取得政治科學和經濟學學位後，前往華盛頓特區，然後轉往歐洲，以記者身分報導第二次世界大戰。1950 年代，他搬到加州，為《新聞週刊》（Newsweek）撰稿。愛德華・默羅（Edward R. Murrow）把他招攬進美國新聞總署時，他很興奮地接受職務，為的是能和阿波羅太空人共事。他回想：「接觸過那些自戀的好萊塢人之後，我感到這些人才是真正的超級巨星。」

波爾金回憶，在新聞總署時，「我最早的工作之一是陪同太空人進行世界外交之旅，拜訪各國，讓他們傳播美國的樂觀主義、英雄主義，還有我們當之無愧的科技先進程度。」他和後來成為 NASA 白宮聯絡人的阿波羅 8 號太空人法蘭克・鮑曼成為密友。鮑曼在飛行前幾天打電話給波爾金，為了準備在任務的廣播中要讀的稿子，請教他的意見。這不僅會是第一次從月球軌道進行的廣播，而且時間也正好在耶誕夜。波爾金和幾個朋友討論後，給鮑曼的答覆是：選讀聖經的〈創世紀〉。

波爾金解釋這樣做「會有普遍性的號召力，也會喚起崇敬之感」。他繼續說：「《聖經》裡這些簡單的字句，經由你充滿真情地直接說出來，會讓人感到是由一個個體對著全體人類同胞的誠懇表現，也真正反映出這個情境下必要的謙卑。」鮑曼採納了這個建議。

這是歷史上動盪的一年。小馬丁・路德・金恩和羅伯特・甘迺迪遭到暗殺，有越南戰爭，還有美國各地的抗爭，在這樣一年的年末，阿波羅 8 號任務太空人輪流念出〈創世紀〉的開頭十句經文。鮑曼以波爾金的建議為廣播作結，這句話現在已成為一句名言：「晚安，祝好運，耶誕快樂，上帝保佑各位——在地球上的每一個人。」●

# 49 澳洲電視網的迴力棒

時間：約 1969 年
製造者：不明
來源：澳洲
材料：木頭，附有金屬文字牌
尺寸：76 × 7.6 公分

**1969 年 10 月 31 日**，正當阿波羅 11 號世界親善訪問的車隊來到澳洲伯斯（Perth）街頭時，傳出〈生日快樂〉歌，祝賀太空人麥可·柯林斯的 39 歲生日。在太空人收到的眾多紀念禮物之中，來自澳洲電視網一件深具象徵意義的禮物顯得特別突出：「人類構想出來的第一種空氣動力學形狀」，也就是迴力棒（右頁）。

巡迴訪問的行程十分吃重。太空人抵達一個國家時，一個活動接著一個活動，中間幾乎沒有休息，就又要前往另一個國家。他們在澳洲拜訪兩個城市，相較於其他國家多了一個，凸顯出澳洲在人類第一次登月上的重要角色：讓全世界能夠在電視機上觀看飛行的實況轉播。

1950 年代後期，NASA 開始建立一個能和軌道上的太空船溝通的全球性追蹤站網路。因為澳洲的經度和佛羅里達州卡納維拉角大約相隔 180 度，所以成為在地理上支援美國太空計畫的策略位置。當太空船越過澳洲上空時，透過追蹤站的幫助，NASA 可以確認太空船確實進入軌道，也可以傳送指令給太空船。

為了在阿波羅計畫期間接收電視傳輸，NASA 安排了三個不同位置的追蹤站，彼此相距約 120 度，確保一直有一個追蹤站面對月球，這三個站分別位於美國加州的哥德斯通（Goldstone）、西班牙馬德里（Madrid）和澳洲的金銀花溪（Honeysuckle Creek），作為阿波羅

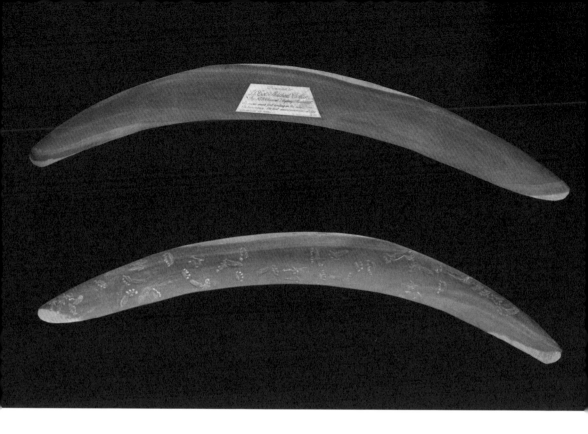

太空人和德州休士頓的任務控制中心之間的中繼站。和較早的追蹤站不同的是，這些新的追蹤站配有新的「統一S波段」（Unified S-band）通信系統，能夠從 26 公尺天線傳輸和接收數據，而不需使用多個各自分開的無線電鏈路。NASA 會選取品質最好的影像饋源，播送給世界各地的電視機。

金銀花溪追蹤站位於澳洲東南部坎培拉（Canberra）附近的山區，在 1967 年 3 月啟用。在新南威爾斯本來就已經有帕克斯電波望遠鏡（Parkes Radio Telescope），它有一架 64 公尺天線可作為備用。NASA 設計的系統讓來自月球的信號透過金銀花溪追蹤站和帕克斯，以微波鏈路送到雪梨，從雪梨再以國際電信衛星（INTELSAT）的同步通訊衛星越過太平洋，送到休士頓的任務控制中心，而雪梨也直接把信號送給澳洲廣播委員會（Australian Broadcasting Commission）的攝影棚，以分送給澳洲各電視網。

老鷹號登月艙在 1969 年 7 月 20 日降落在月球表面時，加州的哥德斯通追蹤站把電視訊號傳送給世界各地

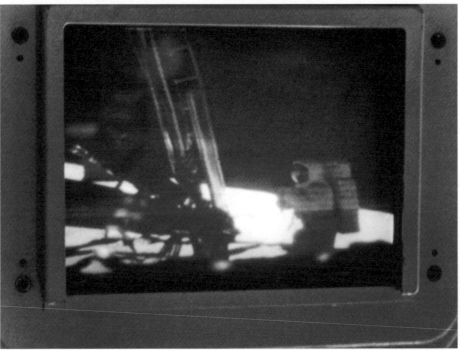

**第285頁**：這是澳洲電視網第七頻道送給麥可·柯林斯的禮物，上面銘刻的文字如下：「紀念人類首次登月——迴力棒是人類構想出來的第一種空氣動力學形狀。」

**左頁**：未轉換的慢速掃描（slow-scan）電視影像，畫面中阿姆斯壯把他的相機安裝在相機座上（上圖），然後引導巴茲·艾德林走下梯子（下圖）。

的觀眾。後來太空人決定放棄行程中安排的休息時段，著裝進行艙外活動，隨著地球自轉，輪到澳洲對著月球。阿姆斯壯部署好電視攝影機，這具攝影機會錄下人類踏上月球表面的第一步，並傳送信號給地球。此時馬德里完全收不到信號，帕克斯會收到少許訊號，而哥德斯通則嚴重失真。所以NASA選擇金銀花溪的傳輸，進行一開始的電視廣播。

金銀花西溪的一名技術人員艾德·馮·雷諾瓦（Ed von Renouard）回憶道：「影像剛出現在我面前時，是無法解讀的塊狀拼圖，底部黑色，上部灰色，被明亮的斜線分割。我了解到天空應該在上方，而在月球上天空應該是黑的，所以我伸手轉動旋鈕，然後忽然間一切都合理了，接著阿姆斯壯的腳就下來了。」當帕克斯開始從老鷹號收到更清晰的訊號時，NASA接下來的電視廣播就都就轉由帕克斯來傳輸。因此，世界上五分之一的人口（超過5億人）看著月球上的阿姆斯壯和艾德林時，他們看的其實是通過澳洲天文臺而來的饋源。而澳洲觀眾則享受特權，比世界上其他地方的觀眾早0.3秒看到人類踏上月球的第一步，因為他們的電視饋源不需要經過國際電信衛星送往休士頓，就可在電視機上顯現。

柯林斯在1971年成為史密森尼國家航空太空博物館的館長，後來把這個迴力棒和其他個人物品捐贈給國家。這個迴力棒紀念了美國和澳洲之間在太空飛行史上的密切關係。●

# 50 F-1 引擎零件，
阿波羅 11 號

時間：1968 年
製造者：北美洛克維爾（North
American Rockwell），洛克達因航太
公司（Rocketdyne）
來源：美國加州洛杉磯
材料：耐腐蝕不鏽鋼（CRES steel）、
銅、鋁、鐵氟龍、鎳鉻合金（Inconel X）
尺寸：長 5.62 公尺，直徑 3.75 公尺

**在 1969 年推動**阿姆斯壯、艾德林和
柯林斯抵達月球的 F-1 引擎零件，除
了帶著與大西洋強力撞擊的證據，還
有停駐在海床上 40 年歲月的痕跡。農
神 5 號火箭的第一級 ¬ 是高 42 公尺
的 S-IC 火箭，基部共有五具 F-1 引擎。
S-IC 耗盡時會分離，以約 320 公里的
時速落到大西洋中。這一級火箭連同
F-1 引擎沉入深約 4200 公尺的海床，

一直待到 2013 年。

F-1 引擎的推力達 68 萬公斤，是
史上最強大的單噴嘴、液體燃料火箭
引擎。洛克達因航太公司的工程師最
初在 1955 年有了這具火箭的構想，
那時是人造物體首次在太空中飛行之
前兩年。NASA 在 1958 年成立之後，
重啟這個火箭的概念，洛克達因也在
1961 年測試了第一具原寸大小的原型
引擎。F-1 引擎的設計是洛克達因其他
引擎的放大版，但要建造如此巨大的
引擎，需要新的製造和測試技術。每
具引擎每秒鐘消耗 2700 公斤的 RP-1
（煤油的一種）以及液態氧。五具 F-1
引擎共同推升巨大的農神 5 號，在升
空時的推力達 340 萬公斤。一次又一
次的發射，F-1 推動著所有的登月任
務，毫無故障。

人類首次登月後 40 年，亞馬遜
（Amazon）和航太公司「藍色原點」
（Blue Origin）創辦人傑夫・貝佐斯
（Jeff Bezos）想著：如果「有適當

**第289頁**：華納‧馮‧布朗站在農神5號的第一級火箭旁，倚著五具引擎之一。

**下圖**：在馬歇爾太空飛行中心的機廠，五具F-1引擎即將完工。每一座農神5號火箭的第一級都擁有五具巨大的F-1引擎。

的海底專業團隊，我們是否有可能找到並回收開啟人類月球任務的 F-1 引擎？」2011 年，他創辦了「貝佐斯遠征」（Bezos Expeditions）機構，從海床上找出並回收 F-1 引擎的零件。這個團隊沿著阿波羅 11 號飛行路徑，用

深海聲納搜尋四周一海里的區域。在將近三個星期的時間中，他們取回推力室、氣體產生器、注射器、熱交換器、輪機泵、油路，還有其他硬體，全都變形了，但仍能看得出是阿波羅月球任務的一部分。

貝佐斯遠征機構把回收零件送到堪薩斯宇宙太空中心（Kansas Cosmosphere and Space Center, KCSC）進行維護保存。維護人員沒有把這些物品恢復到原始的發射狀態，而是去除鏽蝕的部分進行加固。KCSC的總裁和執行長吉姆‧雷馬爾（Jim Remar）解釋：「這些文物擁有自己的故事和生命。我們不想改變它們的外表，因為我們覺得那會剝奪某些故事。」在加固的過程中，維護人員找到一些記號，顯示有一些零件屬於阿波羅11號任務。

這些文物把我們帶回本書的核心：文物如何成為、以及如何繼續作為我們與過去之間的重要連結。

貝佐斯被問到他為什麼想要找回F-1引擎時，他這麼解釋：「有數以百萬計的人被阿波羅計畫所啟發。我看著阿波羅11號任務在電視上進行時才五歲，但毫無疑問地，它是讓我對科學、工程學和探索產生熱情的一大原因。」貝佐斯和NASA合作，讓阿波羅11號的F-1引擎零件可以提供給史密森尼國家航空太空博物館，期望它們可以再一次啟迪後代子孫。

為什麼要保存太空飛行的文物？為什麼歷史的實體遺物對我們有意義？為什麼尼爾‧阿姆斯壯要帶著萊特飛行者號的一部分到月球去？

現在，阿波羅11號的F-1引擎零件已經回到陸地上，可以再次成為我們生命的一部分。它們擁有創造新經驗和啟發新世代的力量。像其他文物一樣，這些零件留有本身歷史的痕跡。F-1引擎在發射前即以它的龐大體積和精細設計而令人讚佩，但經歷過飛行的引擎零件更訴說著不同的故事。這

「我看著阿波羅11號任務在電視上進行時才五歲，但毫無疑問地，它是讓我對科學、工程學和探索產生熱情的一大原因。」

——傑夫·貝佐斯（Jeff Bezos），亞馬遜和航太公司「藍色原點」創辦人

些受損的破片見證了月球之旅的回聲。你可以感受它的巨大、所承受的強大力量，以及一艘太空船發射和飛向月球時存在的龐大風險。你可以看到它們撞擊到海面時的損傷，還有多年來在海底下受到的侵蝕。這些文物把我們與阿波羅計畫連結起來：設計、測試和建造阿波羅計畫的工程師、飛到月球的太空人、找回這些零件的團隊、為了未來加固這些零件的維護人員。

正如阿姆斯壯透過木片和碎布，把他的經驗和萊特兄弟的飛行聯繫起來，阿波羅文物也把我們和最早的月球任務聯繫起來。F-1引擎零件，就像萊特飛行者號的破片，也像本書中其他文物，甚至史密森尼學會收藏的幾千件文物，都使月球探索不再抽象，讓我們可以親身體會。文物使得阿波羅計畫不僅是一份記憶，更可以碰觸、可以拜訪，成為我們存在的一部分。●

# 飛向月球

## 阿波羅任務年表

### AS-201

發射日期：1966年2月26日
濺落日期：1966年2月26日
任務期間：37分19秒
發射載具：SA-201
指揮艙號碼：9
任務概述：第一型阿波羅指揮服務艙第一次發射

### AS-203

發射日期：1966年7月5日
發射載具：SA-203
任務概述：S-IVB火箭測試，沒有太空船

### AS-202

發射日期：1966年8月25日
濺落日期：1966年8月25日
任務期間：1小時32分2秒
發射載具：SA-202
指揮艙號碼：11
任務概述：S-IVB火箭再次測試，也是第一次包含了阿波羅主要導引、導航和控制系統（Apollo Primary Guidance, Navigation and Control System）的飛行

### 「阿波羅1號」

發射日期：無
濺落日期：無
發射載具：AS-204
指揮艙號碼：12
太空人：維吉爾・「高斯」・格里森（Virgil "Gus" Grissom）、艾德華・懷特二世（Edward H. White II）和羅傑・查菲（Roger B. Chaffee）
任務概述：第一型阿波羅硬體的第一次載人測試。太空人在1967年1月27日於飛行前一次測試中殉職，促成阿波羅太空船的重新設計。這具太空船在同年稍後重新指名為「阿波羅1號」。

### 阿波羅4號

發射日期：1967年9月11日
濺落日期：1967年9月11日
任務期間：8小時36分59秒
發射載具：AS-501

指揮艙號碼：17
登月艙號碼：登月艙測試物10R
任務概述：農神5號火箭首次發射，當時是最重的飛行物體

### 阿波羅5號

發射日期：1968年1月22日
濺落日期：無
任務期間：11小時10分0秒
發射載具：SA-204
登月艙號碼：1
任務概述：第一次在地球軌道上進行的登月艙測試

### 阿波羅6號

發射日期：1968年4月4日
濺落日期：1968年4月4日
任務期間：9小時50分0秒
發射載具：AS-502
指揮艙號碼：20
登月艙號碼：登月艙測試物2R
任務概述：最後一次無人測試，除了正式登月艙外，太空船每個部分都進行測試

### 阿波羅7號

發射日期：1968年10月11日
濺落日期：1968年10月22日
任務期間：260小時9分3秒
發射載具：SA-205
指揮艙號碼，呼號：101，「阿波羅7號」
太空人：華特・「華利」・舒拉（Walter "Wally" Schirra），指揮官；唐恩・艾塞爾（Donn F. Eisele），指揮艙駕駛；羅尼・「羅恩」・瓦特・康寧漢（Ronnie "Ron" Walt Cunningham），登月艙駕駛
任務概述：第二型阿波羅太空船的第一次載人工程測試飛行。證實太空船、太空人和任務於地球軌道飛行的能力。雖然並未離開地球軌道，但飛行距離比其他指揮艙都要長。

### 阿波羅8號

發射日期：1968年12月21日
濺落日期：1968年12月27日
任務期間：147小時0分42秒
發射載具：AS-503
指揮艙號碼，呼號：103，「阿波羅8號」
太空人：法蘭克・鮑曼，指揮官；小詹姆斯・洛維爾（James A. Lovell, Jr.），指揮艙駕駛；威廉・安德斯（William A. Anders），登月艙駕駛
任務概述：第一次進入月球軌道的載人任務，並返回地球

### 阿波羅9號

發射日期：1969年3月3日
濺落日期：1969年3月13日
任務期間：241小時0分54秒
發射載具：AS-504
指揮艙號碼，呼號：104，水果糖號（Gumdrop）
登月艙號碼，呼號：3，蜘蛛號（Spider）
太空人：詹姆斯・麥克迪維特（James A. McDivitt），指揮官；大衛・史考特（Dave R. Scott），指揮艙駕駛；羅素・史維考特（Russell L. Schweickart），登月艙駕駛
任務概述：在地球軌道上第一次進行載人登月艙測試，通過月球軌道會合計畫

### 阿波羅10號

發射日期：1969年5月18日
濺落日期：1969年5月26日
任務期間：192小時3分23秒
發射載具：AS-505
指揮艙號碼，呼號：106，查理・布朗（Charlie Brown）
登月艙號碼，呼號：4，史努比號（Snoopy）
太空人：湯馬斯・斯塔福德（Thomas P. Stafford），指揮官；約翰・楊（John W. Young），指揮艙駕駛；和尤金・塞爾南（Eugene A. Cernan），登月艙駕駛
任務概述：登月艙第一次在月球軌道的測試，包括除了登月以外的完整任務計畫測試。返回地球時，達到人類最快的移動速度。

### 阿波羅11號

濺落日期：1969年7月24日
任務期間：195小時18分35秒
發射載具：AS-506
指揮艙號碼，呼號：107，哥倫比亞（Columbia）
登月艙號碼，呼號：5，老鷹號

（Eagle）
**月球表面日期**：7月20-21日
**登月地點**：寧靜海（Sea of Tranquility）
**月球表面總時數**：21小時36分21秒
**月球艙外活動總時數**：1次，2小時31分40秒
**太空人**：尼爾・阿姆斯壯（Neil A. Armstrong），指揮官；麥可・柯林斯，指揮艙駕駛；小艾德溫・「巴茲」・艾德林（Edwin E. "Buzz" Aldrin, Jr.）登月艙駕駛
**任務概述**：人類首次登月和月球漫步

## 阿波羅12號

**發射日期**：1969年11月14日
**濺落日期**：1969年11月24日
**任務期間**：244小時36分25秒
**發射載具**：AS-507
**指揮艙號碼，呼號**：108，洋基快艇號（Yankee Clipper）
**登月艙號碼，呼號**：6，無畏號（Intrepid）
**月球表面日期**：11月19日至11月20日
**登月地點**：風暴洋（Ocean of Storms）
**月球表面總時數**：31小時31分12秒
**月球艙外活動總時數**：2次，7小時45分18秒
**太空人**：小查爾斯・「彼特」・康拉德（Charles "Pete" Conrad, Jr.），指揮官；小理查・高登（Richard F. Gordon, Jr.），指揮艙駕駛；艾倫・賓（Alan L. Bean），登月艙駕駛
**任務概述**：登月，部署月球實驗，人類首次拜訪太空探測器探勘者3號（Surveyor 3）

## 阿波羅13號

**發射日期**：1970年4月11日
**濺落日期**：1970年4月17日
**任務期間**：142小時54分41秒
**發射載具**：AS-508
**指揮艙號碼，呼號**：109，奧德賽號（Odyssey）
**登月艙號碼，呼號**：7，水瓶座號（Aquarius）
**太空人**：小詹姆斯・A・洛維爾（James A. Lovell, Jr.），指揮官；小約翰・斯威格特（John L. Swigert, Jr.），指揮艙駕駛；弗烈德・海斯（Fred W. Haise），登月艙駕駛
**任務概述**：飛行途中發生爆炸，因此太

空人在返航中把登月艙作為救生艇，並繞過月球利用彈弓效應返航。

## 阿波羅14號

**發射日期**：1971年1月31日
**濺落日期**：1971年2月9日
**任務期間**：216小時1分58秒
**發射載具**：AS-509
**指揮艙號碼，呼號**：110，小鷹號（Kitty Hawk）
**登月艙號碼，呼號**：8，蠍心號（Antares）
**月球表面日期**：2月5日至2月6日
**登月地點**：弗拉馬陸（Fra Mauro）
**月球表面總時數**：33小時30分31秒
**月球艙外活動總時數**：2次，9小時22分31秒
**太空人**：小艾倫・薛帕德（Alan B. Shepard, Jr.），指揮官；史都華・羅薩（Stuart A. Roosa），指揮艙駕駛；艾德加・米切爾（Edgar D. Mitchell），登月艙駕駛
**任務概述**：重複阿波羅13號的任務計畫：部署實驗，為未來的登陸點拍攝照片

## 阿波羅15號

**發射日期**：1971年7月26日
**濺落日期**：1971年8月7日
**任務期間**：295小時11分53秒
**發射載具**：AS-510
**指揮艙號碼，呼號**：112，奮進號（Endeavour）
**登月艙號碼，呼號**：10，獵鷹號（Falcon）
**月球表面日期**：7月30日至8月2日
**登月地點**：哈德利-亞平寧區（Hadley-Apennine）
**月球表面總時數**：66小時54分53秒
**月球艙外活動總時數**：3次，18小時34分46秒
**太空人**：大衛・史考特（David R. Scott），指揮官；阿弗列德・沃登（Alfred M. Worden），指揮艙駕駛；詹姆斯・爾文（James B. Irwin）登月艙駕駛
**任務概述**：首次使用月球車，擴增採樣範圍；也包括第一次使用設置於服務艙的科學艙，第一次從太空船把衛星部署到月球軌道，以及第一次進行深太空艙外活動

## 阿波羅16號

**發射日期**：1972年4月16日
**濺落日期**：1972年4月27日
**任務期間**：265小時51分5秒
**發射載具**：AS-511
**指揮艙號碼，呼號**：113，卡斯帕號（Casper）
**登月艙號碼，呼號**：11，獵戶座號（Orion）
**月球表面日期**：4月21日至4月23日
**登月地點**：笛卡兒高地（Descartes Highlands）
**月球表面總時數**：71小時02分13秒
**月球艙外活動總時數**：3次，20小時14分14秒
**太空人**：約翰・楊（John W. Young），指揮官；湯馬斯・馬丁利（Thomas K. Mattingly II），指揮艙駕駛；小查爾斯・杜克（Charles M. Duke, Jr.），登月艙駕駛
**任務概述**：第一次探索月球的崎嶇高地，被認為比月面其他登陸點的地形更為壯觀；也是第一次且唯一一次在月面進行紫外線攝影天文學的任務

## 阿波羅17號

**發射日期**：1972年12月7日
**濺落日期**：1972年12月19日
**任務期間**：301小時51分59秒
**發射載具**：AS-512
**指揮艙號碼，呼號**：114，美利堅號（America）
**登月艙號碼，呼號**：12，挑戰者號（Challenger）
**月球表面日期**：12月11日至12月14日
**登月地點**：陶拉斯-利特羅谷（Taurus-Littrow）
**月球表面總時數**：74小時59分40秒
**月球艙外活動總時數**：3次，22小時3分57秒
**太空人**：尤金・塞爾南（Eugene A. Cernan），指揮官；羅納德・伊文斯（Ronald E. Evans），指揮艙駕駛；哈里森・「傑克」・施密特（Harrison H. "Jack" Schmitt），登月艙駕駛
**任務概述**：最後一次阿波羅任務，也是迄今為止最後一次月球漫步；包含第一次科學家登月

# 延伸閱讀

Aldrin, Buzz, and Ken Abraham, *Magnificent Desolation: The Long Journey Home From the Moon* (New York: Three Rivers Press, 2010).

Beattie, Donald, *Taking Science to the Moon: Lunar Experiments and the Apollo Program* (Baltimore: Johns Hopkins University Press, 2001).

Bilstein, Roger, *Stages to Saturn: A Technological History of the Apollo/Saturn Launch Vehicles* (Gainesville: University Press of Florida, 2003).

Borman, Frank, and Robert J. Serling, *Countdown: An Autobiography* (New York: William Morrow, 1988).

Chaikin, Andrew, *A Man on the Moon: The Voyages of the Apollo Astronauts* (New York: Viking, 1994).

Collins, Martin, and Sylvia Fries, eds., *A Spacefaring Nation: Perspectives on American Space History and Policy* (Washington, D.C.: Smithsonian Institution Press, 1991).

Collins, Martin, and Douglas Millard, eds., *Showcasing Space* (East Lansing: Michigan State University Press, 2005).

Collins, Michael, *Carrying the Fire: An Astronaut's Journeys* (New York: Farrar, Straus, and Giroux, 1974).

Columbia Broadcasting System, *10:56:20 PM EDT, 7/20/69: The Historic Conquest of the Moon as Reported to the American People* (New York: Columbia Broadcasting System, 1970).

Cosgrove, Denis. *Apollo's Eye: A Cartographic Genealogy of the Earth in the Western Imagination* (Baltimore: Johns Hopkins University Press, 2003).

Dean, James, and Bertram Ulrich, *NASA/ART: 50 Years of Exploration* (New York: Abrams, 2008).

Dick, Steven J., ed., *Remembering the Space Age* (Washington, D.C.: NASA History Division, 2008).

Dick, Steven J., and Roger D. Launius, eds., *Critical Issues in the History of Spaceflight* (Washington, D.C.: NASA History Division, 2006).

———, *Societal Impact of Spaceflight* (Washington, D.C.: NASA History Division, 2007).

Hacker, Barton, and James Grimwood, *On the Shoulders of Titans: A History of Project Gemini* (Washington, D.C.: NASA, 1977).

Hansen, James, *First Man: The Life of Neil A. Armstrong* (New York: Simon and Schuster, 2005).

Harland, David, *Exploring the Moon: The Apollo Expeditions* (New York: Springer, 1999).

Hersch, Matthew H., *Inventing the American Astronaut* (New York: Palgrave Macmillan, 2012).

Johnson, Stephen B., *The Secret of Apollo: Systems Management in American and European Space Programs* (Baltimore: Johns Hopkins University Press, 2002).

Kelly, Thomas, *Moon Lander: How We Developed the Apollo Lunar Module* (Washington, D.C.: Smithsonian Institution Press, 2001).

Kraft, Christopher, *Flight: My Life in Mission Control* (New York: Dutton, 2001).

Kranz, Gene, *Failure Is Not an Option: Mission Control From Mercury to Apollo 13 and Beyond* (New York: Simon and Schuster, 2000).

Krige, John, Angelina Long Callahan, and Ashok Maharaj, *NASA in the World: Fifty Years of International Collaboration in Space* (New York: Palgrave Macmillan, 2013).

Lambright, W. Henry, *Powering Apollo: James E. Webb of NASA* (Baltimore: Johns Hopkins University Press, 1998).

Launius, Roger D., and Dennis Jenkins, *Coming Home: Reentry and Recovery From Space* (Washington, D.C.: NASA Aeronautics Book Series, 2012).

Launius, Roger D., and Howard E. McCurdy, eds., *Spaceflight and the Myth of Presidential Leadership* (Urbana: University of Illinois Press, 1997).

Launius, Roger D., John Logsdon, and Robert W. Smith, eds., *Reconsidering Sputnik: Forty Years Since the Soviet Satellite* (Australia: Harwood Academic, 2000).

Levasseur, Jennifer, *Pictures by Proxy: Images of Exploration and the First Decade of Astronaut Photography at NASA* (Ph.D. diss., History, George Mason University, 2014).

Lewis, Cathleen, *The Red Stuff: A History of the Public and Material Culture of Early Human Spaceflight in the U.S.S.R.* (Ph.D. diss., History, George Washington University, 2008).

Logsdon, John, *The Decision to Go to the Moon: Project Apollo and the National Interest* (Cambridge, MA: MIT Press, 1970).

———, *John F. Kennedy and the Race to the Moon* (New York: Palgrave Macmillan, 2011).

Logsdon, John, and Roger D. Launius, eds., *Exploring the Unknown: Selected Documents in the History of the U.S. Civil Space Program, Volume VII: Human Spaceflight: Projects Mercury, Gemini, and Apollo* (Washington, D.C.: NASA History Division, 2008).

Lovell, James, and Jeffrey Kluger, *Lost Moon: The Perilous Voyage of Apollo 13* (New York: Houghton Mifflin, 1994).

Maher, Neil, *Apollo in the Age of Aquarius* (Cambridge, MA: Harvard University Press, 2017).

McCray, W. Patrick, *Keep Watching the Skies!: The Story of Operation Moonwatch and the Dawn of the Space Age* (Princeton, NJ: Princeton University Press, 2008).

McCurdy, Howard, *Space and the American Imagination* (Washington, D.C.: Smithsonian Institution Press, 1999).

McDougall, Walter A., *. . . The Heavens and the Earth: A Political History of the Space Age* (New York: Basic Books, 1985).

Mindell, David, *Digital Apollo: Human and Machine in Spaceflight* (Cambridge, MA: MIT Press, 2008).

Monchaux, Nicholas de, *Spacesuit: Fashioning Apollo* (Cambridge, MA: MIT Press, 2011).

Murray, Charles A., and Catherine Bly Cox, *Apollo: The Race to the Moon* (New York: Simon and Schuster, 1989).

Neufeld, Michael, *Von Braun: Dreamer of Space, Engineer of War* (New York: Knopf, 2007).

Paul, Richard, and Steven Moss, *We Could Not Fail: The First African Americans in the Space Program* (Austin: University of Texas Press, 2015).

Poole, Robert, *Earthrise: How Man First Saw the Earth* (New Haven, CT: Yale University Press, 2008).

Schwoch, James, *Global TV: New Media and the Cold War, 1946–69* (Champaign: University of Illinois Press, 2008).

Scott, David Meerman, and Richard Jurek, *Marketing the Moon: The Selling of the Apollo Lunar Program* (Cambridge, MA: MIT Press, 2014).

Siddiqi, Asif, *Challenge to Apollo: The Soviet Union and the Space Race, 1945–1974* (Washington, D.C.: NASA History Division, 2000).

———, *The Red Rockets' Glare: Spaceflight and the Soviet Imagination, 1857–1957* (New York: Cambridge University Press, 2010).

Swenson, Loyd, James Grimwood, and Charles Alexander, *This New Ocean: A History of Project Mercury* (Washington, D.C.: NASA, 1998).

Tribbe, Matthew D., *No Requiem for the Space Age: The Apollo Moon Landings and American Culture* (New York: Oxford University Press, 2014).

Weitekamp, Margaret A., *Right Stuff, Wrong Sex: America's First Women in Space Program* (Baltimore: Johns Hopkins University Press, 2004).

# 線上資源

阿波羅飛行紀錄 *(https://history.nasa.gov/afj)*
阿波羅月面紀錄 *(www.hq.nasa.gov/alsj)*
詹森太空中心口述歷史計畫 *(www.jsc.nasa.gov/history/oral_histories/oral_histories.htm)*

# 關於作者

**蒂索・繆爾—哈莫尼**（Teasel Muir-Harmony），美國史密森尼航太博物館策展人，傑出的太空史學者。她以阿波羅計畫的政治影響為題撰寫博士論文，取得麻省理工學院博士學位。曾發表過十多篇文章與書評，並針對20世紀太空科學的文化史，在各國發表各種主題的專論。

**麥可・柯林斯**（Michael Collins）在1963-1970年擔任NASA太空人，曾兩度上太空，第一次是1966年駕駛雙子星10號，第二次是在阿波羅11號任務中擔任指揮艙駕駛員。1971-1978年間擔任史密森尼航太博物館館長。

---

## 客座供稿

**大衛・迪沃爾肯**（David DeVorkin），史密森尼國家航空太空博物館資深策展人
 #34：卡拉瑟斯的遠紫外線相機／攝譜儀
 喬治・卡拉瑟斯，航太工程師

**梅根・吉拉德**（Meghann Girard），史密森尼國家航空太空博物館，恩根前導計畫（Engen Pre-program）文物維護研究員
 #39：阿波羅11號任務的指揮艙醫療包

**珍妮佛・萊維塞爾**（Jennifer Levasseur），史密森尼國家航空太空博物館，博物館策展人
 #25：阿波羅17號任務的哈蘇相機

**亞倫・尼戴爾**（Allan Needell），史密森尼國家航空太空博物館，博物館策展人
 #38：阿波羅4號任務的第一型內艙口
 #47：阿波羅11號任務中阿姆斯壯的儲藏袋

**麥可・紐菲德**（Michael Neufeld），史密森尼國家航空太空博物館資深策展人
 華納・馮・布朗和火箭技術的發展

**馬修・桑德斯**（Matthew Sanders），史密森尼國家航空太空博物館，博物館研究員
 #3：「人造衛星觀察計畫」望遠鏡
 瑪格麗特・漢彌爾頓，阿波羅飛行軟體的主要設計者
#13：農神5號火箭控制設備單元
#19：履帶運輸車的履帶
 以及對多篇文章的重要貢獻

**馬修・辛戴爾**（Matthew Shindell），史密森尼國家航空太空博物館，博物館策展人
 #32：探勘者3號太空船的相機

**普里西拉・史傳恩**（Priscilla Strain），史密森尼國家航空太空博物館計畫負責人
 月球地質學家法魯克・埃爾—巴茲

**約翰・泰爾科**（John Tylko），極光飛行科學公司（Aurora Flight Sciences）、麻省理工學院
 #9：阿波羅導引電腦
 #10：阿波羅任務模擬器

# 謝誌

本書要感謝和我在太空歷史部（Space History Department）共事的許多策展人，他們檢查了本書中每篇文章，提供寶貴的編輯意見、啟發，和同事情誼。感謝尼克・帕特里區（Nick Partridge）從本計畫的提案到完成都給予引導；凱特・波爾森（Kate Bulson）對書中每一幅精美圖片的把關；也要感謝國家地理團隊的慷慨支持和專業：蘇珊・希區考克（Susan Hitchcock）、米歇爾・卡西迪（Michelle Cassidy）、凱蒂・歐森（Katie Olsen）和梅麗莎・法里斯（Melissa Farris）。

我也深深感謝許多同儕與朋友慷慨分享他們的時間與專長：皮夸公共圖書館（Piqua Public Library）的檔案室和特藏室；NASA詹森太空中心（Johnson Space Center）檔案室的珍妮佛‧羅斯-那札（Jennifer Ross-Nazzal）；堪薩斯宇宙太空中心（Cosmosphere）的吉姆‧雷馬爾（Jim Remar）和向農‧惠佐（Shannon Whetzel）；NASA總部歷史部門的伊莉莎白‧速柯（Elizabeth Suckow）和柯林‧弗萊斯（Colin Fries）；保羅‧道伯爾（Paul Dauber）和傑瑞米‧李特克（Jeremy Litek）提供貝佐斯探險計劃的照片；莎拉‧佛斯特-張（Sarah Foster-Chang）；克萊兒‧傑瑞（Claire Jerry）；NASM檔案室的梅麗莎‧凱瑟（Melissa Keiser）、凱特‧伊果（Kate Igoe）和亞倫‧傑納斯（Allan Janus），謝謝你們找出各式各樣的圖像和檔案並掃描；艾瑞克‧隆恩（Eric Long）和派翠克‧里奧尼尼（Patrick Leonini）找出照片和拍照；卡洛琳‧拉梭（Carolyn Russo）和湯姆‧克羅契（Tom Crouch）在NASA藝術作品上

的協助；托比‧愛耳門（Toby Ellman）和昆妮‧藤木‧迪沃爾肯（Kunie Fujuki DeVorkin）協助翻譯；雷貝卡‧道布羅（Rebecca Dobrow）；克萊兒‧斯科維爾（Claire Scoville）；莉莉亞‧帝爾（Lilia Teal）；也感謝《阿波羅月面日誌》（Apollo Lunar Surface Journal）和《阿波羅飛行日誌》（Apollo Flight Journal）的珍貴資源。

我深深感謝麥可‧柯林斯撰寫本書序言，以及他對阿波羅計畫的巨大貢獻和文物保存。若沒有最好的研究助理麥特‧桑德斯的不懈研究、令人欽羨的研究技巧以及加油打氣，我無法完成本書。最後一定要感謝我親愛的家人麥可、雷貝卡、艾爾（Ayr）、布魯克（Brooke）、克萊門汀（Clementine）、布魯（Blue）、（Violet）、阿薩（Asa）、阿摩司（Amos）、艾爾拉（Arla）、艾斯（Ace）和齊克（Zeke）。僅以本書獻給我的姊夫艾力克斯（Alex），你不斷提供許多好主意，像這本書就是。

# 圖片版權

# 索引

**粗體**數字為圖片頁碼。

# 重返阿波羅
## 開創登月時代的50件關鍵文物

作　　者：蒂索‧謬爾－哈莫尼
翻　　譯：姚若潔
主　　編：黃正綱
資深編輯：魏靖儀
美術編輯：吳立新
行政編輯：吳怡慧

發 行 人：熊曉鴿
總 編 輯：李永適
營 運 長：蔡耀明
印務經理：蔡佩欣
圖書企畫：黃韻霖、陳俞初

出 版 者：大石國際文化有限公司
地　　址：台北市內湖區堤頂大道二段181號3樓
電　　話：（02）8797-1758
傳　　真：（02）8797-1756
印　　刷：博創印藝文化事業有限公司

2019年（民108）7月初版
定價：新臺幣 699 元／港幣 233 元
本書正體中文版由National Geographic Partners, LLC
授權大石國際文化有限公司出版
版權所有，翻印必究
ISBN：978-957-8722-56-9 （精裝）
＊ 本書如有破損、缺頁、裝訂錯誤，請寄回本公司更換
總代理：大和書報圖書股份有限公司
地　　址：新北市新莊區五工五路2 號
電　　話：（02）8990-2588
傳　　真：（02）2299-7900

國家地理合股有限公司是國家地理學會與二十一世紀福斯合資成立的企業，結合國家地理電視頻道與其他媒體資產，包括《國家地理》雜誌、國家地理影視中心、相關媒體平臺、圖書、地圖、兒童媒體，以及附屬活動如旅遊、全球體驗、圖庫銷售、授權和電商業務等。《國家地理》雜誌以 33 種語言版本，在全球 75 個國家發行，社群媒體粉絲數居全球刊物之冠，數位與社群媒體每個月有超過 3 億 5000 萬人瀏覽。國家地理合股公司會提撥收益的部分比例，透過國家地理學會用於獎助科學、探索、保育與教育計畫。

### 國家圖書館出版品預行編目（CIP）資料

重返阿波羅　開創登月時代的50件關鍵文物
蒂索‧謬爾－哈莫尼 作；姚若潔 翻譯. -- 初版. -- 臺
北市：大石國際文化,
民108.7　304頁；17.2 x 22公分
譯自：Apollo to the moon : a history in 50 objects
ISBN 978-957-8722-56-9（精裝）

1.太空科學 2.太空飛行

326　　　　　　　　　　　　　　108010689